浙江省社科规划课题“基于风险治理反馈机制的食品安全信息公开法律制度研究”
（21NDJC089YB）的研究成果

# 食品安全信息公开的风险治理

## Risk Management of Food Safety Information Disclosure

杨晓波 向娇娇 著

**内容提要**

本书回应推进国家治理体系和治理现代化的系统性要求，关注互联网时代食品安全信息公开中的主要社会矛盾，从法学角度研究政府对食品安全信息公开中的风险治理能力提升。主要包括食品安全信息公开与风险治理、食品安全信息公开风险评估之公众需求、食品安全信息公开风险治理之国际比较、食品安全信息公开法律制度的现实困境以及食品安全信息公开法律制度中公众风险理性之培育等内容。本书适合对食品安全法律制度、政府风险治理、信息公开等领域感兴趣的读者阅读。

**图书在版编目(CIP)数据**

食品安全信息公开的风险治理/杨晓波，向娇娇著.
上海:上海交通大学出版社，2024.9—ISBN 978-7-313-31601-1

Ⅰ. TS201.6

中国国家版本馆 CIP 数据核字第 2024V8E507 号

**食品安全信息公开的风险治理**

**SHIPIN ANQUAN XINXI GONGKAI DE FENGXIAN ZHILI**

著　　者：杨晓波　向娇娇
出版发行：上海交通大学出版社
地　　址：上海市番禺路 951 号
邮政编码：200030
电　　话：021-64071208
印　　制：上海万卷印刷股份有限公司
经　　销：全国新华书店
开　　本：710mm×1000mm　1/16
印　　张：13
字　　数：203 千字
版　　次：2024 年 9 月第 1 版
印　　次：2024 年 9 月第 1 次印刷
书　　号：ISBN 978-7-313-31601-1
定　　价：78.00 元

# 前　言

后工业时代的人类社会逐渐进入“风险社会”，类型多样、主体多元、关系复杂且后果严重的各种社会风险日益突出。其中，食品安全风险是我们无法回避的重要风险之一。在食品安全风险治理中，信息获取与理解的不对称是诱发食品安全风险的主要原因之一，所以食品安全信息公开法律制度的设计尤为重要。一旦维持食品安全信息公开的公众认知环境和法律实践反馈缺失，食品安全风险将持续处于不稳定或不可预期的状态，进而可能转变为“实体风险”。因此，在互联网时代，食品安全信息公开法律制度设计得合理与否，很大程度上影响着国家食品安全治理的成效。

自改革开放以来，伴随着我国食品产业的迅速发展，食品安全法律体系逐步建立并不断完善。然而，目前政府主管部门食品安全信息的“公信力”并不尽如人意，我国食品安全信息公开法律的实施效果未能达到制度设计者的预期目标。在我国曾经发生的多起食品安全事件中，公众恐慌和舆情混乱的导火索，往往源于承担食品安全信息公开法律责任的主管机关未能及时、科学、有效地发布和交流信息。究其具体的法律制度设定，依然显示为一种单向的、应急性质的信息公开机制，在风险评估中缺乏真正的公众参与，使得“社会共治原则”的落地和实施面临现实困境。

由此，如何有效靶向影响食品安全信息公开法律实施效果的因素，建立一个科学的法律实施评估模式，从而切实提升食品安全信息公开的风险治理能力，是食品安全法治实施的一个关键点。这也是本书的写作目的所在。本书以社会共治为原则，以法律责任主体、信息公开程序和信息公开内容为研究对象，以实证研究为数据支撑，建构食品安全信息公开风险反向评估机制，旨在从风险治理的视域，探索食品安全信息公开法律制度的完善与细化。其中，本书以公众知情权为逻辑起点，提出在食品安全信息公开风险治理中强调政府理性与公众理性并存的“双重理性公开范式”，协助食品安全信息公开法律制度从协商民主向风险民主转变，从而实现政府风险治理能力的提升。

本书撰写过程中，得到了浙江省市场监督管理局的楼瑾华同志和杭州市拱墅区市场监督管理局的吴晓露同志的鼎力相助，收获了来自实务部门的宝贵意见和建议。同时，也要感谢上海交通大学出版社的编辑们，正是你们的认真和负责、细致和耐心，才让本书得以顺利出版。

由于本人学识浅陋，文中若有不妥之处，恳请各位专家和老师不吝赐教。

2024 年 6 月于浙江杭州

# 目　录

# 第一章
# 风险治理与食品安全信息公开

自人类进入后工业时代，在高度发达的现代化、工业化和信息化进程中，现代社会开始进入“风险社会”(risk society)①。这里所说的“风险”，不仅包括自然灾害、疾病传播等来自自然界的传统风险，更多的是诸如基因改变生物、环境破坏、金融危机、网络病毒、有害食品等，来自人类自身行为和技术进步的风险。伴随着人类科学技术的发展，技术决策、行动及其后果背后所潜伏的不确定性，带来了“人为不确定性”(manufactured uncertainty)②风险。风险的人为不确定性，是指风险本身已知与未知、客观与主观交叉建构的不确定性。比如，人们大多知道自己所处的水、土壤、空气、食品、金融、互联网等环境中隐藏着潜在的危害因素，但并不知道这些危害会在何时、何地、以何种方式、在何种范围内发生。这种不确定性所带来的直接或间接影响，使人们开始评估作为风险载体的各种技术和制度，并采取相应的手段去治理。

“治理”并非“统治”的同义词，两者是不同的概念。“统治”强调政府公权力的行使，确保政府制定的政策能够得到有效的执行。而“治理”则更强调共同目标的实现，这种目标实现方式并非只依靠强制和服从，其中不仅包含政府机制，也包含非正式、非政府的机制，是结合多种力量发挥各自优势、实现共同目标的一种模式。基于风险转化的随机性和突发性，人类的历史和经验已经无数次证明，任何国家、国际组织、企业、个人等都不可能独立应对和解决风险问题。可

---

① [德]乌尔里希·贝克：《风险社会》，何博闻译，译林出版社，2004年，第2页。

② 沈岿：《食品安全、风险治理与行政法》，北京大学出版社，2018年，序第4页。

见，一种主体多元、方式多样、合作互补的复合型风险治理体系，是人类现代社会发展的必然选择。

## 第一节 问题的提出

风险社会呈现出一系列显著特征，包括风险的类型多样性、主体多元性、关系复杂性以及后果严重性等，食品安全便是其中一个重要的风险问题。食品安全风险主要指食品中的有毒有害物质影响人体健康的公共安全风险，因其具有现代性、系统性、复杂性和迫切性，成为现代社会的典型风险领域之一，并且与社会整体的可持续发展密切相关。对于它的治理，必须纳入“风险治理”的范畴，结合“风险”和“治理”两个核心理念的延展和论证，才能不断获得有效的治理方案。因此，食品安全成为衡量一个政府执政能力的重要标准，食品安全的风险治理被纳入我国国家重大战略布局之中，推进食品安全领域的国家治理体系和治理能力现代化也成为食品安全法律制度的主线。

在此路径中，食品安全信息公开法律制度的设计显得尤为重要，信息公开被锚定为风险社会的内生属性和矫正要素。一旦维持食品安全信息公开的公众认知环境和法律实践反馈缺失，食品安全风险将会持续处于不稳定或不可预期的中间状态，进而可能转变为“实体风险”。因此，互联网时代食品安全信息公开法律制度设计得合理与否，很大程度上将影响国家食品安全治理的成效。正如习近平总书记在中共十八届四中全会第二次全体会议上的讲话中所提到的，“天下之事，不难于立法，而难于法之必行”，法律的生命力和权威性在于实施。一个法律制度有效运行的前提条件，是拥有广泛的公众认知基础和较高的执法认可度。目前，政府主管部门的食品安全信息“公信力”并不尽如人意，我国食品安全信息公开法律实施效果未能达到制度设计者的预期目标①。因此，如何有效靶向影响食品安全信息公开法律实施效果的因素，建立一个科学的法律实施评估模式，从而切实提升食品安全信息公开风险治理能力，是食品安全法治实施的一个关键点。

---

① 详见本书第二章的前期实证调研结果。

# 第二节 研 究 现 状

面对日益增加、不断威胁人类社会生命、健康、安全和秩序的复杂风险群体，学术界开始反思和批判。在社会学、法学、管理学、经济学等学科领域，兴起了关于风险及其应对的研究。

## 一、风险的社会学研究

"风险"的概念界定，具有其自身的时间、空间、政治、经济和文化的维度。德国是风险理论研究的集大成者，其中具有代表性的学者是社会学家乌尔里希·贝克(Ulrich Beck)和尼克拉斯·卢曼(Niklas Luhmann)。

### (一) 风险的定义

贝克将风险定义为"系统地处理现代化自身引致的危险和不安全感的方式"[①]，他认为风险是因现代化生产过剩而引起的"自陷性危机"[②]。在工业社会之前，风险基本都是局部性、个人性、可选择性的，是社会容易负担的风险，只影响当事人自身，并不会外溢至他人或社会。然而，后工业时代的风险并不是由个人行为引发的，往往起源于某个特定区域，却以"琢磨不定"的路径扩散至多个相关领域，成为其他领域次生风险的源头，其后果也远超个人可控制的范围。例如，水手冒险出海航行，在工业社会之前面对的风险是溺水身亡，而到了工业社会则可能发生死于河水严重污染的中毒事件。同时，贝克指出，风险的扩散与传播程度与全球化程度正相关，由于对外贸易的普遍化、交通的便捷化以及文化政治领域的互通化，现代风险的扩张效率极高。因此，贝克对现代风险进行了全面且形象的描述，将其定性于以下关键词：复杂性、全局性、不确定性和人为制造性。

相对于贝克的理论，卢曼对风险的定义则更偏向于抽象的建构。卢曼通过对复杂性社会现象理论架构的分析指出，风险的本质来源于人类在决策时的

① [德]乌尔里希·贝克:《风险社会》,何博闻译,译林出版社,2004年,第19页。
② [德]乌尔里希·贝克:《风险社会》,何博闻译,译林出版社,2004年,第20页。

"面向"[①]，即人们在当前所处情势中对不同决策后果的预判性分析，是一种对承受何种不确定性的选择。据此，无论人们决策的出发点是安全、效益或是其他任何一种要素，都会因为某一个选择的"面向"而承担来自其他方向的风险。在他看来，风险的本质是未来"可能发生的问题"，而决策则直接联系当下的行为。不同的决策往往是为了追求当时对决策者自身最有利的结果，但与此同时也必然会承担未来某种不利的可能性。因此，卢曼认为，单纯界定风险是徒劳无益的，无法抽象提取风险的共性特征，只有依靠其对立概念来界定和区分。在风险对立概念的问题上，卢曼创造性地提出"风险"并不对应"安全"，而应该对应"危险"[②]。因为决策需要掌握充分的信息，但人们总是基于自己的风险偏好、认知能力和情境因素去理解信息，并不存在通用、万能和绝对的"安全"。"风险"与"危险"的差异在于，前者归结于决策，具有"可避免"性，而后者归结于决策之外的外部客观因素，不具有"可避免"性。随着现代社会的发展，科学技术不断提升人类的认知能力，归因于"危险"的事件越来越少，而"风险"则呈指数级增长。

### （二）风险的特征

从贝克和卢曼对风险概念的界定中，我们可以看到"现代社会"步入"后现代社会"的基本特征。"现代社会"的物质基础是工业化的生产方式，制度基础是资本主义的阶级意识形态。工业革命之后，在科学技术进步的有力加持下，人类社会的发展围绕认识自然、征服自然和改造自然展开。人类的主体性出现了从"神本主义"向"人本主义"的跃进，人类成为一切的源泉和中心，其他一切都只是工具和被认识的对象。这种观点源自认识论中"主客观"二分法的思想。因此，"现代社会"以"理性"和"秩序"来认识、感受和建构世界，自然科学和社会科学皆在"理性标准"下追求事物间因果关系的证明。然而，随着社会结构复杂性的增加，个体差异性逐渐取代了同一性，社会生活中的"变量"越来越多，"恒量"越来越少。因而，尽管人类社会的知识量不断增加，但可以依赖用来预判未来事件的维度却不似以往坚实，"后现代社会"体现出了更多的模糊性、不确定性、非普遍性、流动性和复杂性。

---

① [德]尼克拉斯·卢曼：《风险社会学》，孙一洲译，广西人民出版社，2020 年，第 51 页。
② [德]尼克拉斯·卢曼：《风险社会学》，孙一洲译，广西人民出版社，2020 年，第 43 页。

因此,后现代社会的风险呈现出以下特征:①风险的延展性。风险的规模和范围逐渐扩大,打破了原本相对狭隘的区域范围,从局部性、区域性、仅对个体产生影响,发展到跨国家,乃至全人类成为一个统一的风险受体。②风险的内生性。在后现代社会,随着自然"人化",来自人类决策的风险已经取代外部风险占据主导地位。"外部风险就是来自外部的、因为传统或者自然的不变性和固定性带来的风险……被制造出来的风险,指的是我们不断发展的知识对这个世界的影响所产生的风险,是我们没有多少历史经验的情况下所产生的风险。"[①]③风险的潜在性。风险的后果变得越来越难把握,出现的周期也越来越长。行为的风险后果未必能在当时就有所了解,可能需要几十年甚至上百年才显现出来。如此,人们容易因缺乏对行为风险后果的预判,而作出短视的举动。④风险的复合性。风险的形式变得更为复杂,"从自然风险转向人为风险,从个别风险、区域风险转向全球性风险;从物质利益风险转向文化风险、道德风险、理论风险等非物质风险;从单一风险后果转向多重风险后果;从单一风险主体转向多重风险主体等"[②]。风险之间往往彼此交织、相互渗透,呈现出复杂多样的风险图景。

从社会学的研究来看,风险的后现代社会基础带来了以下问题:第一,经验作为认识的基础,发挥作用的时效大大缩短。高速变化的世界催生了越来越多的新领域和新选择,这些非传统的信息大多处于经验能够理解和评估的范畴之外,人们必须在不断适应新生事物、不断更新经验的过程中认识现实。第二,科学作为认识的结论,其不确定性大大提升。曾经人类确信科学能够"驯化"风险的理念,正在经历质疑。虽然在重大社会风险来临时,人们依然高度依赖科学权威给出的"标准答案",但风险原因与损害结果之间的复杂关系,使得科学的运作方式更多地从提前式控制转向应激式回应。如今,科学在面对风险时,更倾向于提供多种"可能性"的分析,而非绝对正确的"标准答案"。第三,道德伦理作为认识的评价,呈现出极强的个体性。在风险的复杂语境中,评判一个事物的好坏,往往只是基于局部的理解和自身的立场。由于现实社会中的风险分配很难达到绝对的正义与公平,风险评判往往带有很强的文化、政治、经济和个

---

① [英]安东尼·吉登斯:《失控的世界:全球化如何重塑我们的生活》,周红云译,江西人民出版社,2001年,第22页。

② 庄友刚:《风险社会理论研究述评》,《哲学动态》2005年第9期,第58页。

体化的色彩。卢曼将风险评判的个体性阐述得淋漓尽致,他指出,风险的决策者和承担者往往是分离的,承担者很难将自身处于决策情境中去理解决策动机,而决策者也无法真正体会承担者的风险损失,两者之间很难事先达成有效的沟通和共识,两者的分歧永远存在①。

## 二、风险治理的法治建构

法律是现代社会中规范人们行为的"底线",作为制度性约束,决定政府和个人在面临特定风险时如何采取行动。法律在风险治理中的作用可以归结为两个方面:一方面,事先整合复杂社会结构中的各种利益预期,在规范化和制度化的模式中最大限度地实现其所规定的风险规制目标;另一方面,事后进行风险的责任分配,对肇事者苛责、对受害者补偿,完成法律的归责和救济。

### (一) 传统风险应对法律机制

传统风险应对私法机制的法理基石,在于"私法自治"。私法自治的伦理内涵起源于康德理性哲学概念中的自由意志,经济价值则可以追溯至亚当·斯密的《国富论》。法律上的意义在于,维系私人为主要法律主体的经济关系。"私法自治之意义,在于法律给个人提供一种法律上的权力手段,并以此实现个人的意思。也就是说,私法自治给个人提供一种受法律保护的自由,使个人获得自主决定(Sellbstbestimmung)的可能性。"②私法自治的理论假设是理性人的风险自担,即完全理性的人具有风险应对的知识、收集风险信息的渠道、比较备选方案的能力,并可以与他人达成风险处理的妥善协议。

传统私法机制的主要手段包含合同法和侵权法两种。合同法中的任意性条款是私法风险治理的主要手段之一,具有节约交易成本、提高裁判的可预见性及提供交易的选择等积极辅助功能,以及通过权利义务与风险成本的公平分配,承担"指导图像"的消极制衡功能③。同时,结合保险合同条款的设计,实现风险的转移和分散。然而,合同法应对传统风险的前提是当事人之间事先存在合同关系,对于未知风险和没有预先合同联系的社会关系而言,需要依赖侵权

---

① [德]尼克拉斯·卢曼:《风险社会学》,孙一洲译,广西人民出版社,2020年,第175-180页。

② [德]迪特尔·梅迪斯库:《德国民法总论》,邵建东译,法律出版社,2001年,第143页。

③ 苏永钦:《私法自治中的国家强制:从功能法的角度看民事规范的类型与立法释法方向》,《中外法学》2001年第1期,第97页。

法模式来进行应对。侵权法通过"过错"来判断导致不利后果发生的风险应归责于何人，据此确定风险损失的承担者，以"自我责任"配合合同法的"自我决定"，实现传统风险应对私法机制的一体两面。一方面，侵权法可以成为合同存在缔约不能或缔约不公时风险应对的替代选项，例如产品责任从违约责任向侵权责任的转变；另一方面，合同法也深刻影响了侵权法在风险应对方面的发展，"责任保险对侵权行为法的发展关系属于一个隐藏的说服者"[①]。

然而，用传统私法机制来应对风险存在两方面的问题：一是必须保证国家在立法和司法上的责任，即国家应该提供包含强制性规范和任意性规范在内的私法法律法规，由当事人诉诸司法程序后才能裁决风险分配；二是风险责任承担这种应对方式只是一种间接反射作用，虽然从法经济学的角度来说，预设结果的设定会产生事前激励效果[②]，但其应对风险的被动性、事后性和消极性依然非常凸显。此时，政府行政权作为公权力的调整手段，进入风险应对机制便顺理成章。

第一次世界大战结束前，"自由主义法治国"的政府行政主要是一种秩序行政，作用是维护社会秩序和国家安全、排除对人民和社会的危害[③]。"风险"作为对"秩序"的极大挑战，毋庸置疑是当时行政权力的主要调整范围之一，不过仍然存在应对范围有限、应对手段单一的局限性。"依自由主义的国家观，只有在具体情形中被逾越或遭受直接威胁时，公权力才可以施加制裁……国家所能仰仗的，就只有从制裁措施的存在中所衍生的那种预防性效果了。"[④]因此，基于公权力的本质，在秩序行政应对风险的机制中，尽管在弥补私法机制方面具有一定的积极性，但仍受到严格的权力制约。

### （二）现代风险治理法律机制

在复杂且高度分工的现代社会，突发风险不断打破法律的规范预期，其稳

---

① 王泽鉴：《侵权行为》（第三版），北京大学出版社，2016 年，第 10 页。

② 侵权法经济分析中用到的汉德公式，其基础便是风险预防与风险责任的内在关联。1947 年，美国法官内德·汉德在判决中提出了一个判断行为人是否存在侵权过错的准则，$B$（投入的预防金额）$\geqslant L$（事故发生的损失额）$\times P$（事故发生的概率）。参见 United States v. Carroll Towing Co. 159 F. 2d 169(2d Cir. 1947)。

③ 闫海主编《食品法治：食品安全风险之治道变革》，法律出版社，2018 年，第 3 页。

④ [德]迪特尔·格林：《宪法视野下的预防问题》，刘刚译，载《风险规制：德国的理论与实践》，法律出版社，2012 年，第 112 页。

定性和连续性面临挑战，不得不朝着开放性、灵活性的方向进行转变。因此出现了法律体系结构稳定性下降、灵活性上升的现象。相应地，陌生个体间由于应对共同风险会产生强烈的"共同体意识"，在围绕风险进行协商、谈判和决策过程中又形成了新一轮的民主性和一致性要求。因此，需要制定一种充分沟通、平衡利益的风险治理规则和框架，以适应现代风险治理的新要求。

### 1. 公法与私法的交融

面对现代社会的风险，基于风险个人责任建立的传统法律应对机制显得捉襟见肘。一方面，个体无法凭借一已之力预知和驯服风险，更无力单独承担风险带来的行为后果，只能付诸集体责任。"传统社会向现代社会的转变因此是'归咎习惯'的转变，这就意味着危机或危害或不幸的根源不再由天命来负担，不再由神意来担保，而是由社会秩序来负担和担保"①。私法领域的风险应对机制，因此出现了公法调整的范式。例如，现代侵权法的法理基础从矫正正义扩展至遏制和预防，加入了惩罚性赔偿；侵权责任认定开始转向风险损失的承担，体现为法益内容扩展、危险责任产生等；侵权责任承担呈现集体化趋势，市场份额责任堪称典范②。

另一方面，后现代社会风险的变化，亦令公法领域的风险治理范围和手段发生了根本性的变革。政府行政权的重心，已经从财富分配转移到了风险分配③。类似于政府权力对市场失灵的干预，公权力试图通过对风险预防与责任的干预来确保社会公平与正义。在现代风险视域下，政府开始设立独立和专业的行政机构，利用风险评估、风险检查、责令召回等行政手段来实现风险治理。

### 2. 科学与民主的统一

风险治理属于社会公共事务的范畴，兼具技术性与公共性两重属性。在实践中，无论是单一的民主取向风险治理还是单一的科学取向风险治理，都难逃失败的命运。例如，针对容易出现代议制民主侵夺专家理性的问题，布雷耶将公众对风险的认知、国会的行动和应答、规制过程的不确定这三个要素的相互增强称为"恶性循环"。他认为应该通过重构规制机构来解决这个问题，也就是利用带有理性、专业、绝缘和权威等属性的机制，建立任务导向型组织，构建具

① 刘小枫：《现代性社会理论绪论：现代性与现代中国》，上海三联书店，1998年，第49页。
② [德]马克西米利安·福克斯：《侵权行为法》，齐晓琨译，法律出版社，2006年，第5-8页。
③ [德]乌尔里希·贝克：《风险社会》，何博闻译，译林出版社，2004年，第15页。

有技术上高度一致性和合理性、考虑未来科学变迁影响、实现更高分析质量和结果的模式[①]。然而,这一“风险议程”由于与资本主义国家政治上的民主理念相悖,最终无法付诸实践。

兼顾民主与科学二重属性的风险治理应当符合两个基本要求:其一,价值合理性,即风险治理的目标应该符合公众的需求、反映公众的偏好、体现公众的价值,能为公众所接受,从而具有正当性;其二,工具合理性,即风险治理的措施应该基于技术性的预测和计算,追求功能和效率的最大化,从而具有科学性[②]。达到这两个基本要求的前提条件是正确界分风险治理中的事实与价值,进而实现政府、专家、公众等法律主体各司其职。因为风险治理中的事实判断,比如风险的成因、规模、概率、性质、成本、效益等,都需要政府组织专家在法定程序中理性、客观地进行判断;同时,风险治理中的价值判断,则必须通过广泛听取公众意见、在利益公平博弈的基础上进行价值权衡。当然,现实中的风险治理并不是将科学与民主完全割裂,而是将它们相互交织在一起的,这就需要建立统一两者的协商民主下的风险沟通机制。这里的协商民主,指的是自由和平等的法律主体基于自身的权利和理性,通过反思、对话、讨论、辩论等过程,形成合法决策的治理形式[③]。

### 3. 自治与他治的协同

从传统风险应对到现代风险治理,政府在其中的角色逐渐从消极被动转向积极主动,从而在风险治理中处于一个更高的控制主体的法律地位。对于风险法治而言,政府职能开始膨胀,“因为国家在法律形式及实施中扮演了最基本的角色,因此该法律体系是‘集中化’(centralized)的”[④]。但是,政府职能的过度膨胀,同样也引起了财政困难、机构臃肿、效率低下等一系列风险治理的负面问

---

① [德]莱纳·沃尔夫:《风险法的风险》,刘刚译,载《风险规制:德国的理论与实践》,法律出版社,2012年,第67页。

② 戚建刚:《风险规制过程合法性之证成:以公众和专家的风险知识运用为视角》,《法商研究》2009年第5期,第50-52页。

③ [德]乌尔里希·贝克:《从工业社会到风险社会:关于人类生存、社会结构和生态启蒙等问题的思考》(下篇),王武龙译,载《马克思主义与现实》2003年第5期,第71-72页。

④ [英]安东尼·奥格斯:《规制:法律形式与经济学理论》,骆梅英译,中国人民大学出版社,2008年,第2页。

题，“市场失灵置换了市场万能观念，而政府失效又拒斥了国家的神话”①。因此，现代风险治理已然不应该再是以国家为中心的一元、单中心秩序，而应该是多元主体的治理机制。例如，在食品安全风险治理方面，戚建刚提出了共治型风险规制模式，包含了行政机关、利害关系人、专家、普通公众的多元治理主体②。

从治理主体来说，现代风险治理包含自治与他治两个维度③。自治，指的是风险制造者的自主治理，是风险治理最基础、最有效的部分；他治，则是指监管机关、公众、媒体等风险制造者之外的主体通过监督、引导、协商、伙伴等方式弥补自治的短板与缺陷。风险治理并不是自治与他治的简单相加，而是一种在系统化治理平台上，强调治理主体多元化和平等性，以增进共识、相互协作的方式提升治理能力的协同治理机制（collaborative governance regime）。

#### 4. 治理工具的系统与集成

协商民主下的风险沟通不仅传递与风险本身相关的信息，还传递风险事件出现后各方的反应。有效的风险沟通有助于帮助公众理性地认识风险，纠正已有的认知偏见，克服障碍，从而更加准确地理解与风险相关的事实，在充分协商的基础上达成平衡判断④。同时，还可以让专家更为全面地掌握公众在信息获取方式上的偏好，以更形象、生动、有效的方式传递风险知识，提升风险信息的公信力，塑造风险科学治理的良好社会氛围。

达成有效促进公众参与的风险沟通，需要注重治理工具的系统化与集成化，实现风险治理过程的公开与透明⑤。风险治理工具具体包含直接政府管理、社会规制、经济规制、合同承包、政府拨款、直接贷款、贷款担保、保险、税收支出、费用、责任法、政府企业、福利券等⑥。根据对象与传递媒介的不同，这些

---

① [法]莫里斯·奥里乌：《行政法与公法精要》（上册），龚觅等译，辽海出版社，1999 年，第 1 页。

② 戚建刚：《共治型食品安全风险规制研究》，法律出版社，2017 年，第 19－25 页。

③ 社会控制体系将行动者自我施行规制列为第一方控制，受诺人强制执行合约涵盖的偶然事件列为第二方控制，非科层化组织起来的社会力量、社会组织、政府列为第三方控制。参见[美]罗伯特·C. 埃里克森：《无需法律的秩序：邻人如何解决纠纷》，苏力译，中国政法大学出版社，2003 年，第 153－154 页。

④ 赵鹏：《知识与合法性：风险社会的行政法治原理》，《行政法学研究》2011 年第 4 期，第 50－53 页。

⑤ Shapiro, S. A., Glicksman, G. L. *Risk Regulation at Risk: Restoring to a Pragmatic Approach*, Stanford University Press, 2003, p. 29.

⑥ [美]莱斯特·M. 萨拉蒙主编《政府工具：新治理指南》，肖娜等译，北京大学出版社，2016 年，第 15－17 页。

工具可以分为以下几类:①政策工具与执行工具。执行工具通过确保义务履行,来保证政策工具效果的实现。②事先工具、事中工具和事后工具。针对可能出现的巨大风险,必须遵循风险预防原则、重视事先工具。“不能等到切实的危险发生,而是在抽象的风险出现之际,国家就要采取行动”①。当然,事中和事后工具同样重要且必不可少。③命令型工具、协商型工具、激励型工具和指导型工具。命令型工具是单向、强制、对立、直接的,仍然是目前非常重要的治理工具。协商型工具的出现,预示着风险治理从单方走向双方、从强制走向弹性、从对立走向平等,以交流和合作为基础,体现了现代社会的“契约精神”。激励型工具以经济性诱因为导向,引导方式从直接走向间接,反映了后现代社会政府职能放松规制的发展趋势。指导型工具同样属于间接性引导,表现为建议和劝告等约束方式,是处理风险外溢的有效方法。

丰富多样的治理工具,成就了现代风险治理法律机制的系统性与集成性。治理工具既可以按照有效性、高效性、公平性、易管理性、合法性和政治可行性等来评价,又可以体现为强制性、直接性、自动性、可见性等多种维度,由此形成可供选择的治理工具矩阵②。

## 三、食品安全信息公开的风险治理

食品安全这一概念首次提出是在1974年11月的世界粮食大会上。1996年,世界卫生组织(World Health Organization, WHO)将食品安全(food safety)定义为“对食品按其用途进行制作、食用时不会使消费者健康受到损害的一种担保”③。世界贸易组织(World Trade Organization, WTO)的《实施卫生和动植物检疫措施协议》(Agreement on the Application of Sanitary and Phytosanitary Measures, SPS)的附录中指出,食品安全风险是对食品组成成分、致病菌和添加剂、病虫害等进行化学、生物或物理性分析,以确定是否存在危害人体健康的结果。同时,联合国粮食及农业组织(Food and Agriculture

---

① [德]迪特尔·格林:《宪法视野下的预防问题》,刘刚译,载《风险规制:德国的理论与实践》,法律出版社,2012年,第113页。

② [美]莱斯特·M.萨拉蒙主编《政府工具:新治理指南》,肖娜等译,北京大学出版社,2016年,第18-31页。

③ 石阶平主编《食品安全风险评估》,北京人民出版社,2010年,第2页。

Organization of the United Nations, FAO)与世界卫生组织共同建立的食品法典委员会(Codex Alimentarius Commission, CAC)也对食品安全风险作出了规定,认为食品安全风险指的是食品、饮料、饲料中的添加剂、污染物、毒素或病原菌对人群或动物潜在的副作用,即食源性危害对人体健康产生的不良影响①。经过近30年的发展,目前食品安全这一概念包括三个方面的要求:第一,数量上,满足人们既能买得到、又能买得起生存必需的食品;第二,质量上,食品的营养全面、结构合理、卫生健康;第三,发展上,食品的获取过程和方式符合生态环境的保护和资源利用的可持续发展。

作为食品消费大国,随着中国由计划经济体制向社会主义市场经济体制的转变,社会治理体系发生了深刻而巨大的变化,食品安全风险的主要内涵和表现形式也在不断演化。与此趋势相适应,食品安全风险现代化治理体系正在逐步形成,具有中国特色的食品安全风险治理理念也在不断变革和优化。这一变革的内在逻辑在于,社会与经济的持续变革深刻影响了食品相关行业的发展,直接导致了食品安全风险的动态演化,不断赋予食品安全新的内涵,推动食品安全政策目标的优化,促进政策工具的创新与发展②。纵观改革开放以来食品安全治理体系的演变,以2013年和2018年两轮食品安全监管体制的改革为划分点,我国关于食品安全信息公开法律在风险治理方面的法治实践和理论研究大致可以分为三个阶段。

### (一) 政府监管中的社会共治理念萌芽阶段(1978—2012年)③

#### 1. 行业背景

新中国成立之初,解决温饱问题是食品产业的头等大事。当时的食品产业整体薄弱,社会公众的食品知识相对匮乏,对食品安全内涵的理解也不全面,仅将食品安全简单等同于食品卫生。在这一时期,食品安全的风险主要来源于技术落后等非竞争因素,表现为供给数量短缺、食物中毒和肠道性流行病等,本质

① FAO Food and Nutrition Paper 87, *Food Safety Risk Analysis — a Guide for National Food Safety Authorities*, World Health Organization, Food and Agriculture Organization of the United Nations, 2006.

② 尹世久:《新中国70年来食品安全风险与治理体系的演化变革》,《中国食品安全报》2019年11月7日,第A02版。

③ 改革开放之前,我国处于计划经济体制时期,社会主义市场经济体制尚未建立,食品安全风险治理缺乏法律基础,故本书未将其列入食品安全风险治理法律体制发展阶段的研究。

上属于前市场风险。基于当时的产业情况，整个计划经济体制时期，我国在苏联卫生防疫体制的影响下，采用了“行政部门管控为主、卫生部门监督为辅”的指令型食品卫生执法体制，带有浓重的计划与行政指令色彩①。

改革开放之后，随着食品产业的飞速发展，大量“多、小、散”的非公有制食品行业经营主体（如私营企业与个体经营户）不断涌现，在经济迅猛发展和社会剧烈变化中，将追逐商业利润最大化作为发展目标。同时，原有的公有制食品行业经营主体因管理方式和运营体制的重大改变，在自主经营和自负盈亏的模式下产生了强烈的经济利益诉求。此时，食品产业链整体发展，产业外延延伸至农业、农产品加工业、食品工业、餐饮业等全产业环节。由于食品产业各方主体过度追求经济利益，开始出现因市场竞争和利益驱动引发的人为质量安全风险，造假掺假、以次充好、偷工减料现象大量涌现，食品安全的风险从前市场风险转变为市场风险。

食品安全风险本身的演化，直接推动了食品安全风险治理的改革。随着涉及对象的增加和范围的扩大，原本计划经济体制下的指令型食品卫生执法体制不再适应食品产业发展的需求，治理主体由卫生行政部门为主的多部门监管模式转变为多部门分段监管模式，工商、农林牧渔、进出口检验等部门成为新的治理主体。在治理工具方面，行政指令等传统命令型手段逐步退出，技术标准、市场奖惩、信息披露、司法裁判等手段被普遍使用。

### 2. 法治实践

我国食品安全的法治化始于20世纪50年代，当时卫生部发布了一些单项规章和标准，1965年国务院发布的《食品卫生管理试行条例》将食品卫生管理工作规范化。1979年颁布了《中华人民共和国食品卫生管理条例》，1982年11月通过的《中华人民共和国食品卫生法（试行）》于1983年实施，于1995年10月废止并修订为《中华人民共和国食品卫生法》（简称《食品卫生法》）。然而，此时的食品安全法律制度中，并没有关于信息公开的相关规定。

2004年11月22日颁布的《食品安全监管信息发布暂行管理办法》从政府主管机关的角度对“食品安全信息”的概念进行了界定：食品及其原料在种植、

① 当时食品卫生的行政执法部门有轻工部、粮食部、农业部、化学工业部、水利部、商业部、对外贸易部、供销合作社等。参见尹世久：《新中国70年来食品安全风险与治理体系的演化变革》，《中国食品安全报》2019年11月7日，第A02版。

养殖、生产加工、运输贮存、销售、检验检疫等过程中涉及人体健康的信息，包括总体趋势信息、检测评估信息、监督检查信息、食品安全事件信息等。该办法将国家食品药品监督管理局、国务院其他有关部门及地方政府相关部门列为食品安全信息的法律责任主体。2007 年 4 月 17 日出台的《国家食品药品安全“十一五”规划》详细构建了食品安全信息体系，要求建成国家食品安全信息共享平台和动态信息数据库，形成国家、省、市、县 4 级食品安全信息网络和重点企业直报网络，实现食品安全监测、信息通报、事件预警、应急处理、科学研究和公众服务的协同工作网络。2008 年 5 月 1 日施行的《中华人民共和国政府信息公开条例》也明确规定，行政机关应重点公开突发社会事件的相关信息，其中食品监督检查等政府信息应当主动公开。

2009 年 6 月 1 日颁布实施的《中华人民共和国食品安全法》(以下简称《食品安全法》)，完整定义了食品安全信息，并规定国家应建立统一的食品安全信息报告制度：①食品安全信息公开的法律责任主体明确。国务院农业、质量监督、工商行政管理、食品药品监督管理等相关部门，应向国务院卫生行政部门通报食品安全风险信息；出入境检验检疫部门应收集进出口食品安全信息，并通报相关行政部门和企业；县级以上地方政府的卫生、农业、质量监督、工商行政管理、食品药品监督管理部门对依法应公开的食品安全信息，及时上报上级主管机关或国务院卫生行政部门。②食品安全信息公开法定程序要求准备充分、及时发布、客观准确。国务院卫生行政部门统一负责公布食品安全信息，包括食品安全总体情况、风险评估信息、风险警示信息、重大食品安全事故信息等；省、自治区、直辖市政府卫生行政部门负责公布区域内的食品安全风险评估信息、风险警示信息、重大食品安全事故信息等；县级以上政府农业、质量监督、工商行政管理、食品药品监督管理部门负责各自职责范围内的食品安全信息公布。③食品安全信息公开鼓励信息共享与公众参与。县级以上人民政府中各食品安全信息公开的主管机关应当相互通报其获知的食品安全信息；任何组织或个人都有权向有关机关了解食品安全信息。同时，配套实施的《中华人民共和国食品安全法实施条例》(以下简称《食品安全法实施条例》)中还明确规定了应当收集、汇总和通报的食品安全信息范围。至此，我国食品安全信息公开的法治实践，开始由事后消费环节的单一化监管转向事前、事中、事后的全流程监管，实现“从农田到餐桌”的全过程风险治理。

### 3. 理论探讨

在食品安全领域，由于信息搜寻成本高昂和信息垄断等障碍导致的信息不对称，客观上困扰了食品安全监管的有效实行。北美和欧洲的学者对此较早开展了关于消费行为学的研究。例如布鲁尔(Brewer)等人经研究发现化学因素、营养平衡等健康因素、污染因素、政策因素等会影响消费者对于食品安全的认知①；汤普森(Thompson)等人提出，由于消费者的购买活动是消费者认知等多方面因素综合形成的结果，因此必须建立有效的管理和信息交流系统，使用大众传媒，准确及时传播有针对性、可靠的、可复刻的食品安全信息②。他们普遍认为，食品安全信息的不对称往往会影响消费者对一个国家食品安全水平的评价，即食品安全信息的公开情况会影响消费者对政府食品监管的判断。同时，他们指出食品安全信息监管应包括强制披露和误导性信息控制两个方面。在我国，随着1978年之后食品安全风险由前市场风险转变为市场风险、政府监管从事先监管转向全过程监管的进程，学者们对于食品安全信息公开和风险治理的法学理论研究也逐步展开。

赵学刚等指出，食品安全信息的有效供给，关系到社会对食品生产和消费的信息以及对政府的信任，所以完善食品安全信息供给是我国食品安全监管的重要环节；鉴于食品安全信息本身存在的不对称性和公共产品属性，只有政府才能打破市场局限、矫正食品安全信息的严重偏斜、维护食品安全消费。因此，政府应该承担起食品安全信息供给的义务，成为食品安全的信息源；同时，从信息公开的范围、信息收集方式、信息公开主体、信息公开渠道和司法约束等方面，对《食品安全法》中政府主管机关食品安全信息公开的法律规定提出了改善建议③。

但是，不少学者针对行政主体负责食品安全信息公开监管模式提出了不同的意见。戚建刚等以食品安全风险规制主体为立足点，考察了食品安全行政主管机关、行政相对人、风险评估专家和社会公众四类主体在食品安全风险规制

---

① Brewer, M. S., Sprouls, G. K., Russon, C. "Consumer Attitudes toward Food Safety Tissues", *Journal of Food Safety*, (14)1994.

② Thompson, G.D., Kidwell, J. "Explaining the Choice of Organic Produce: Cosmetic Defect, Prices and Consumer Preference", *American Journal of Agricultural Economies*, (80)1998.

③ 赵学刚:《食品安全信息供给的政府义务及其实现路径》,《中国行政管理》2011年第7期,第38-42页。

中所承担的不同角色功能之后，指出虽然食品安全的外部性、食品生产经营者与消费者之间风险信息的不对称性，决定了不能完全由市场来规制食品安全风险；但是在食品安全风险事件频发时期，《食品安全法》中所强化的自上而下式传统食品安全风险规制模式，面临着议题形成、标准制定、风险评估、信息沟通等全方位的挑战；他们提出应该将自上而下的传统模式转变为相互合作模式，以求在食品安全风险规制的理性与感性、科学与民主间寻求平衡①。同时，在对食品安全风险监管工具进行反思后，认为我国出现食品安全问题的主要原因在于风险信息系统的失灵，应该采用相对温和的监管方式，建立以核心制度为主体的信息监管工具法律制度框架②。

在食品安全信息公开风险治理的具体环节，学者们已开始进行初步探讨。吴元元等提出，通过在食品安全信息法律体系中创设企业声誉机制，以解决食品安全公共执法负荷过大的短板问题。他们建议以企业食品安全信用档案为中心，建立“生产—分级—披露—传播—反馈”全过程食品安全信息法律制度体系，确保消费者获取食品安全信息的时效性，实现食品安全风险治理能力的提升③。沈岿等针对风险评估中科学性和专家的内生局限、评估议程和有限次序的设置要求、公众价值偏好因素等问题，提出在食品安全风险评估中建立公私合作的风险信息监测网络、拓宽风险评估的建议渠道、设置风险评估的议程应责性，从而确保食品安全风险监管的科学性和公正性④。在公众参与方面，王辉霞提出食品安全信息公开需要“自下而上”的民众围观和舆论压力，通过公众对食品安全信息全方位的公开参与，确保食品安全有效信息的充分传播、完善公众维权的救济机制、增强消费者的食品安全知识教育⑤。

在这一阶段，国内学者对食品安全信息公开风险治理的理论研究体现出了以下特点：一是认为政府是食品安全信息公开的重要法律主体。政府通过建立

---

① 戚建刚：《我国食品安全风险规制模式之转型》，《法学研究》2011 年第 1 期，第 33－49 页。

② 戚建刚：《我国食品安全风险监管工具之新探：以信息监管工具为分析视角》，《法商研究》2012 年第 5 期，第 3－12 页。

③ 吴元元：《信息基础、声誉机制与执法优化：食品安全治理的新视野》，《中国社会科学》2012 年第 6 期，第 115－126 页。

④ 沈岿：《风险评估的行政法治问题：以食品安全监管领域为例》，《浙江学刊》2011 年第 3 期，第 16－27 页。

⑤ 王辉霞：《公众参与食品安全治理法治探析》，《商业研究》2012 年第 4 期，第 170－177 页。

有效的信息发现、显示、沟通和信誉等机制，可以在一定程度上解决食品安全领域的社会舆情问题。二是对食品安全信息公开的监管主体模式提出了不同的理论见解。一部分学者认为应保持政府监管的传统模式，而另一些学者则建议将食品安全风险规制模式转向社会合作方向，提出通过公众理性参与来提升食品安全法律制度的信任感，由此社会共治理念开始萌芽。三是学者们的研究逐渐涉及公众参与食品安全信息公开风险治理的具体环节，并开始关注建立食品安全信息反馈机制的需求。

### （二）政府主导的社会共治理念形成阶段（2013—2017年）

#### 1. 行业发展与法治探索

我国迈入中国特色社会主义新时代后，社会主要矛盾逐步转变为人民日益增长的美好生活需要和不平衡不充分的发展之间的矛盾。经济与社会发展处于深刻变革和转型升级的关键时期。食品产业在长期高速发展中持续壮大，其在国民经济中的产业地位日益重要。然而，随着食品产业规模的持续增长，食品安全面临着严峻的风险和挑战，新科技和新业态带来了不断涌现的新风险，长期积累的环境污染等问题也愈加凸显，新旧风险的交织给食品安全带来了巨大挑战。

党的十八大以来，党中央、国务院高度重视“舌尖上的安全”，在食品安全风险治理领域以“四个最严”①为导向，进行了一系列实践探索。食品加工与制造业建立了以信用监管为基础的新型日常监管机制。原国家食品药品监督管理总局仅2017年一年内就在全国范围内共组织涵盖32大类237细类23.33万批次食品样品、涉及72 215家食品企业的抽检，生产环节的合格率达到97.4%；在食品源头产业方面，实施了《到2020年农药使用量零增长行动方案》和《到2020年化肥使用量零增长行动方案》。在2015年、2016年和2017年三年间，农药使用量持续下降，2016年农用化肥使用量实现了自有化肥使用数据统计以来的首次减少；在食品流通和消费领域，实施了“双随机、一公开”的监督抽检制度，覆盖了各类食品流通经营场所。2017年，食品流通环节的抽检合格率达到了97.8%；在进口食品安全方面，完善了一系列检验检疫制度，建成数十个进口肉类指定口岸和查验场、进口冰鲜水产品指定口岸，对进口食品进行

① 即“最严谨的标准，最严格的监管，最严厉的处罚，最严肃的问责”。

追溯和质量安全责任追究①。

以 2013 年 3 月启动的食品安全监管体制改革为新起点，我国将《食品安全法》的修订实施作为契机，在食品安全风险治理领域开展了横向改革，通过发挥公众参与机制的作用，开创了新一轮的法治实践。习近平总书记指出，在食品安全上给老百姓满意的交代是对执政能力的重大考验，以“食品安全既是重大的民生问题，也是重大的政治问题”来定位食品安全风险治理的重要性。2015 年 10 月，党的十八届五中全会明确提出要实施食品安全战略，形成严密高效、社会共治的食品安全治理体系。至此，食品安全问题被正式纳入我国“五位一体”的总体布局和“四个全面”的战略布局中，以治理体系与治理能力现代化为主线，实施风险治理、源头治理和依法治理。2013 年启动、2015 年修订完成的《食品安全法》第 3 条明确规定了食品安全工作的风险管理和社会共治原则，确立了我国食品安全信息公开的社会共治理念。其第 5 条规定，国务院食品安全监督管理部门负责监督管理食品生产经营活动，国务院卫生行政部门组织开展食品安全风险监测和风险评估，而国务院食品安全监督部门和卫生行政部门则负责制定食品安全国家标准。

**2. 理论发展**

为了回应时代的需求，政府职能在引入风险和安全的理念后，进入从单重经济建设到平衡经济建设与社会治理的“范式转换”②。党的十八大将食品安全治理上升为国家重大战略，推进了食品安全风险的社会共治，这为我国食品安全信息公开风险治理领域的理论创新奠定了基础。基于此，学者们对食品安全信息公开法律制度进行了更为具体的研究，就公众参与的必要性、主体角色和路径方式等提出了建议。

食品安全信息公开的法律主体问题仍然备受关注。潘丽霞等学者认为，基于市场交易信息失灵和公民的知情权，政府应通过推进食品安全信息公开来提升食品安全风险治理水平。食品安全信息公开既是政府的权力，也是政府的义务。政府在食品安全监管中不仅拥有信息的获取权和发布权，还应加强在食品

① 吴林海：《党的十八大以来中国食品安全风险治理的理论创新》，《中国社会科学报》2019 年 12 月 24 日，第 A02 版。

② 马怀德、赵鹏：《食品药品问题“民生化”和“公共安全化”：意涵、动因与挑战》，《中国行政管理》2016 年第 9 期，第 67 页。

安全标准制定过程中的公众参与，以确保标准的科学性。其中，日常监管信息、风险评估信息、风险警示信息、供应链信息和安全事故信息是食品安全信息公开的肯定性范围[①]。而张云等认为，政府并不是唯一更不是最佳的食品安全信息提供主体，建议由市场主体在食品安全信息平台上公布自身的食品安全信息，由政府承担全局性的食品安全信息公布责任，即增加食品生产企业的信息公开义务，让政府和社会回归监督角色[②]。

自2015年《食品安全法》修订实施以来，学者们对食品安全信息公开风险治理法律制度的实施状况展开了全方位的研究。戚建刚等认为，消费者的知情权是食品安全信息公开的法理基础。由于政府主管机关、食品生产企业和消费者之间存在多种信息不对称，食品安全信息公开成为必然要求。社会共治模式下的食品安全信息公开必须采用“多中心”模式，政府主管机关负责食品安全信息公开的标准，食品生产企业强制性公开食品安全信息，公众媒介负责公开食品安全信息[③]。汪全胜等从《食品安全法》确立的社会共治理念出发，提出食品安全风险治理主体多元性的基础是食品安全信息的共享。他们认为，我国现有的食品安全信息共享机制存在若干不足，包括分类标准不明确、主体职能不清晰、信息公开范围难界定、通报机制不协调、立法框架不完整等问题。应当从完善修订法律法规、明确信息公开范围、统一信息发布平台、强化信息沟通法律责任等方面提升食品安全信息共享机制[④]。刘家松等通过对我国和美国食品安全信息披露制度的制度设计、主体设置和立法内容进行全面比较研究，认为我国的法律制度设计存在信息采集基础建设薄弱、信息风险分析缺乏、信息追溯制度不完整、信息共享平台缺失、信息内容分类不科学、信息反馈途径失位、信息公开法律责任模糊等问题。他们提出加大信息披露机制基础制度投资、改进信息披露主体监管体制、完善信息披露法律制度、引导公众参与信息披露监督

---

① 潘丽霞、徐信贵：《论食品安全监管中的政府信息公开》，《中国行政管理》2013年第4期，第29-31页。

② 张云：《我国食品安全信息公布困境之破解：兼评〈中华人民共和国食品安全法（修订草案）〉相关法条》，《政治与法律》2014年第8期，第14-21页。

③ 戚建刚：《共治型食品安全风险规制研究》，法律出版社，2017年，第260-272页。

④ 汪全胜：《我国食品安全信息共享机制建设析论》，《法治研究》2016年第3期，第132-139页。

等改善措施[①]。姚国艳等专门研究了《食品安全法》第 23 条[②]中的风险交流沟通制度，提出应从法律制度的设计和实践中进一步完善风险交流制度。他们建议明确和丰富食品安全风险交流的内涵、扩大风险交流的法律主体范围、注重风险交流的及时性和互动性，并充分发挥媒体在风险交流中的积极作用等意见[③]。丁春燕等则针对《食品安全法》第 42 条[④]中的食品追溯监管制度进行了研究。他们认为，之前部门独立、单环节、非溯源的食品安全信息监管已经无法满足食品安全风险治理的需求，应该从完善立法、明确主体、加强审查、准确录入、搭建平台、严格责任等多方面完善食品安全信息追溯体系[⑤]。

此外，学者们在研究食品安全信息公开风险治理法律实施效果方面逐步体现出了跨学科的综合性，如与社会学中田野调查和统计分析方法的结合，以及管理学中可持续发展治理理论的引入等。例如，吴林海等以计划行为理论与结构方程模型分析了在食品添加剂突发安全事件中影响公众风险感知的相关因素，发现行为态度、主观规范和知觉行为控制对食品添加剂风险感知具有显著影响，其中主管规范中的媒体报道因子影响最大。基于此，他们提出了应该建立有效的食品安全风险交流机制、及时发布食品安全信息、遏制媒体误导并提升公众科学素养等措施[⑥]。王建华等对公众评价与政府食品安全监管效果之间的关联进行深入研究。他们在 10 个省份开展了实地调研，并运用结构方程模型深入剖析了影响消费者对食品安全监管评价的要素。结果显示，食品安全监管满意度与食品安全总体评价呈显著正相关，而食品安全社会监督评价与食

① 刘家松：《中美食品安全信息披露机制的比较研究》，《宏观经济研究》2015 年第 11 期，第 152－159 页。

② 《食品安全法》(2009 年版)第 23 条规定：县级以上人民政府食品药品监督管理部门和其他有关部门、食品安全风险评估专家委员会及其技术机构，应当按照科学、客观、及时、公开的原则，组织食品生产经营者、认证机构、食品行业协会、消费者协会以及新闻媒体等，就食品安全风险评估信息和食品安全监督管理信息进行交流沟通。

③ 姚国艳：《论我国食品安全风险交流制度的完善：兼议〈食品安全法〉第 23 条》，《东方法学》2016 年第 3 期，第 96－105 页。

④ 《食品安全法》第 42 条规定：国家建立食品安全全程追溯制度，食品生产经营者应当依照本法的规定，建立食品安全追溯体系，保证食品可追溯。国家鼓励食品生产经营者采用信息化手段采集、留存生产经营信息，建立食品安全追溯体系。

⑤ 丁春燕：《食品溯源信息及其监管》，《法治社会》2016 年第 2 期，第 57－67 页。

⑥ 吴林海、钟颖琦、山丽杰：《公众食品添加剂风险感知的影响因素分析》，《中国农村经济》2013 年第 5 期，第 45－57 页。

品安全总体评价呈显著负相关。其中，消费者对食品监管的满意度对食品安全总体评价的影响最大。基于这些发现，研究提出了完善食品安全法律体系、厘清政府监管职责、加大违法制裁力度和正确引导新闻媒体等改善意见[①]。戴勇等认为食品安全的社会共治模式可以从供应链可持续管理的视角切入，将政府主管机关、消费者、社会组织设计为供应链利益相关者，并以“主体-结构-影响-因素-治理”的供应链可持续治理模式为框架，通过社会契约联结与社会关系嵌入的制度安排，设计核心企业 CSR 主导型、供应链交易主导型和利益相关者主导型的食品安全社会共治模式，用完善的信息披露机制、社会第三方机构、利益相关者的信息共享平台等手段保障食品安全信息公开风险治理的实现[②]。

由此可见，此阶段学者们的研究相较前阶段集中讨论食品安全信息公开主体模式的理论研究，呈现出以下四个特征：一是以社会共治与政府统一权威为基本特征的食品安全信息公开模式，在《食品安全法》修订后已经基本达成共识，研究的重心转移至如何实现社会共治理念；二是关于食品安全信息公开的研究内容更加微观和深入，涉及风险评估、风险交流、风险溯源等具体领域，同时研究角度和研究方式也更为多样化、综合化，呈现出交叉学科的趋势；三是较多地借鉴美国、日本等国的立法模式和实践经验，希望从世界其他国家已有的法治实践中借鉴经验教训；四是由于法治实践的时间相对较短，相关食品安全信息公开风险治理法律制度层面的研究大多依然停留在理论层面。

### （三）社会共治中的风险治理理念发展阶段（2018 年至今）

#### 1. 法治实践

2018 年 4 月 10 日，中国国家市场监督管理总局正式挂牌，负责全国范围内的食品安全监督管理和综合协调工作，对食品安全进行风险监测、风险预警、风险交流的全过程监管，开启了从中央到地方新一轮的食品安全风险治理监管机构改革。党的十九届四中全会对食品安全风险治理现代化作出了系统性的安排，提出要在道路自信、理论自信、制度自信、文化自信的基础上，坚持进一步

① 王建华、葛佳烨、刘苗：《民众感知、政府行为及监管评价研究：基于食品安全满意度的视角》，《软科学》2016 年第 1 期，第 36－40 页。

② 戴勇：《食品安全社会共治模式研究：供应链可持续治理的视角》，《社会科学》2017 年第 6 期，第 47－58 页。

健全和完善中国特色的食品安全风险社会共治体系。遵循社会共治的新理念，现代化、市场化、信息化的食品安全信息公开风险治理手段不断创新并广泛应用，大幅度提升了我国食品安全信息公开风险治理的效能。英国《经济学人》(*Economist*)每年发布的《全球食品安全指数报告》显示，2018 年中国在其评估的 113 个国家中位居第 46 位，2019 年上升至第 35 位[①]。中国在四十多年的时间里，实现了食品安全领域从低保障水平到中等保障水平的跨越，完成了发达国家用上百年才能完成的任务。此时，2018 年 3 月实施的《食品药品安全监管信息公开管理办法》、2019 年 12 月修订实施的《食品安全法实施条例》，与 2015 年修订实施的《食品安全法》一起，共同构成了我国食品安全信息公开风险治理的法律制度。

### 2. 理论创新

遵循前阶段研究成果中的社会共治理念，学者们开始着力于解决如何利用现代化、市场化、信息化的现代食品安全风险治理手段，创新我国食品安全信息公开的风险治理理论。

1) 政府行政角度

关于食品安全风险治理中的政府行政职权角色，王旭认为，因为食品安全领域技术进步所带来的不确定性，政府职能应从“危险消除”转向“全面的风险预防和管理”，即从秩序维护型政府向风险管理型政府转变[②]。安永康提出，应该从风险管理转向风险规制，认为风险规制是食品安全风险治理的基本逻辑，即以风险为规制对象进行原因、客体、目标、规制者、规制对象、规制活动等一系列的设计，重视从整体到具体环节，从完善标准、优化配置、行为纠正三个方面对食品安全风险治理进行校准[③]。

在食品安全信息公开风险治理的程序上，戚建刚等提出，由于当前碎片化的风险行政程序法难以克服风险行政实践的合法性困境，构建统一的风险行政程序法正是可以应对风险行政所带来的挑战；风险行政程序法以结构化方

① 吴林海:《开辟中国食品安全风险治理的新境界》,《中国食品安全报》2019 年 12 月 19 日，第 A02 版。
② 王旭:《论国家在宪法上的风险预防义务》,《法商研究》2019 年第 5 期，第 118－119 页。
③ 安永康:《基于风险而规制:我国食品安全政府规制的校准》,《行政法学研究》2020 年第 4 期，第 133－144 页。

式规范风险治理主体行为，是克服风险治理主体“知识贫乏”和“价值冲突”的有效途径；统一风险行政程序法以保障个人权利、维护公益、确保行政科学性和民主性为价值取向，能够在食品安全风险治理领域实现行政过程的合法化。①

张锋以日本的食品安全风险规制模式为参考对象，深入剖析其科学范式与民主范式相统一、实体性规制与程序性规制相统一、信息型规制与协商型规制相统一的风险规制框架后提出，我国应充分借助“政府主导、各方协同”的体制优势，构建具有中国特色的食品安全风险规制模式②。

2）公众参与角度

推进公众参与、构建社会共治体系，是当前食品安全风险治理理论研究的基本共识。然而，一些制度设计上的障碍和缺陷导致公众参与食品安全风险治理存在积极性不高、真实有效参与缺位等问题③，学者们从风险评估、信息交流、公众理性培育等多方面进行了深入研究。

付翠莲认为，我国目前食品安全风险评估中的评估主体不仅单一，还缺乏独立性和科学性，导致评估结果的社会认可度低。她建议消解行政主导的评估模式，减少评估过程中行政主体与评估主体的利益冲突，重视第三方评估力量，构建包括专家、媒体、企业、消费者和政府主管机关在内的食品安全风险多元共治评估主体。通过将风险评估与风险管理相分离来增强评估委员会的独立性，以食品安全信息交流机制防范食品安全负面网络舆情热点，并通过多元评估主体实现食品安全的共治格局④。

于广益等指出，在风险社会中，风险控制和信息公开形成了一种模式化的互动，两者的耦合程度是风险治理能力评价的标尺；如果信息公开能够对公众的风险感知形成反思性回馈，就可以有效抑制风险的实体化；反之，不合适的信息公开方式会扩大风险受众的不平等现象，并扩大风险的范围，加剧风险的程

---

① 戚建刚、余海洋：《统一风险行政程序法的学理思考》，《理论探讨》2019 年第 5 期，第 183 - 190 页。

② 张锋：《日本食品安全风险规制模式研究》，《兰州学刊》2019 年第 11 期，第 90 - 99 页。

③ 孙敏：《公众参与食品安全风险治理的制度困境与出路》，《武汉理工大学学报（社会科学版）》2019 年第 2 期，第 39 - 45 页。

④ 付翠莲：《风险治理视阈下食品安全风险评估主体责任重构》，《四川行政学院学报》2019 年第 5 期，第 5 - 13 页。

度。因此,信息公开领域的科学理性和社会理性对于风险治理至关重要,封闭的官僚技术和极端化的维权都需要通过信息公开进行有效的调和①。

到了食品安全信息公开风险治理理论发展的第三个阶段,学者们的研究体现出了三个特征:一是随着中国特色社会主义风险治理理论的不断健全和完善,学者们意识到,虽然食品安全风险治理中社会共治是全世界的共同选择,但并不能简单照搬西方国家的经验,必须找到中国自己的治理道路,真正实现"四个自信";二是虽然食品安全风险治理方面的研究非常丰富,但关于信息公开风险治理的部分却缺乏专门的探讨和深入研究;三是尽管认识到社会共治是风险社会提升食品安全信息公开法律制度科学性和民主性的合理路径,能够有效提升国家在食品安全领域的治理能力和治理水平,但理论创新大多停留在制度设计的宏观层面,缺乏关于如何在社会共治中有效落实公众参与的微观和具体举措的实证研究。

## 四、风险治理与法治评估

法律的生命力和权威在于法律的实施,法治的优越性和良善性需要在法律的实施中评价和检验。"观察我国的法治发展,不能看政府发了多少文件,而是要看老百姓权利及其实现状态的变化情况。"②对社会公众的生命、安全、自由等价值需求的满足,才是食品安全法律制度实施的根本目的,也是食品安全风险治理的终极要求。因此,"良法之治"中科学的法治评估机制的建构,不但能够有效驱动法律实施体系的建设,而且能有力助推政府主管部门风险治理水平的提升。法治评估的重心和优势在于对法律实施实际情况的评价,这与当前中国法治建设中"高效的法治实施体系建设"的核心任务高度契合。因此,党的十八届四中全会提出的"推进依法治国的总目标"③的落脚点便在于"高效的法治实施体系"。

起源于 20 世纪 80 年代的国际法治促进运动,到 21 世纪初逐步在国内引

---

① 于广益:《信息公开对风险治理的制度回馈与理性调和》,《淮海工学院学报(人文社会科学版)》2019 年第 10 期,第 11 - 15 页。

② 葛洪义:《作为方法论的"地方法制"》,《中国法学》2016 年第 4 期,第 118 页。

③ 党的十八届四中全会提出,推进依法治国的总目标就是建设中国特色社会主义法治体系,形成完备的法律规范体系、高效的法治实施体系、严密的法治监督体系、有力的法治保障体系,形成完善的党内法规体系。

发了学术探讨和实践探索的热潮。法治评估指的是通过结合量化分析的多元方法,对特定地区或者领域的法治实施情况进行系统评价,以直观性和比较性强的样态呈现评价结果。通过对比,得出评估对象的差异和短板,辅助相关法律主体科学决策,帮助提升治理水平。法治评估带来了“法治评估(指数)”,这指的是在理论和实践相结合的基础上,建立并运用来对一个国家、地区或者社会的法治状况进行描述和评估的一系列相对比较客观量化的标准①。1968年,美国学者W. M. 伊万(W. M. Even)建立了一个包括70项具体指标的法律指标体系②。1979年,美国斯坦福大学的J. H. 梅里曼(J. H. Merryman)教授等人以定量方式进行了法律与发展的研究,从主体机构、工作人员、法律程序、消耗资源四个角度,在立法、行政、司法、私法行为、法律执行、教育和职业等方面,测算不同国家法律制度的实践运作情况③。之后,法治评估项目相继涌现,借助量化方式精准描述了法治的整体样貌,通过图表简化了人们对法治实践的认识与理解。例如,2005年,世界银行在《国别财富报告》中,首次提出“法治指数”,用来评判一个国家的人民愿意守法的意识和法律制度的可信任度;2006年,世界银行再次将“法治指数”作为国家财富增长的基础支撑部分④。2007年,美国律师协会等律师组织发起“世界正义工程”(WJP),将“法治指数”明确作为判断和衡量一个国家法治状况的量化标准和评估体系⑤。

在我国目前的法治实践中,法治评估已经开始了较为广泛的应用,许多地方政府正在探索运用法治评估推进法治政府建设⑥。2013年,党的十八届三中全会发布《中共中央关于全面深化改革若干重大问题的决定》,提出了全国法治评估的总方向,要求逐步建立科学的法治建设指标体系和考核标准。2014年,

---

① 侯学宾、姚建宗:《中国法治指数设计的思想维度》,《法律科学》2013年第5期,第3页。

② 戢浩飞:《法治政府指标评估体系研究》,《行政法学研究》2012年第1期,第74页。

③ [美]J. H. 梅里曼、D. S. 克拉克、L. H. 弗里德曼:《“法律与发展研究”的特性》,俗僧译,《比较法研究》1990年第2期,第56、57页。

④ The World Bank. *Where is the Wealth of Nations?* The World Bank Publish, 2006, pp.13-14.

⑤ Agrast, M., Botero, J.C., Ponce, A. *The World Justice Project Rule of Law Index 2011*, The World Justice Project Publish, 2011, p.9.

⑥ 自2010年开始,相继颁布实施法治政府评估的有湖北、北京、辽宁、江苏、四川等省级政府,苏州、青岛、深圳、沈阳、惠州、镇江、营口、温州等市级政府。2007年浙江省杭州市余杭区出台的《“法治余杭”量化考核评估体系》非常典型。参见侯学宾、姚建宗:《中国法治指数设计的思想维度》,《法律科学》2013年第5期,第4页。

《中共中央关于全面推进依法治国若干重大问题的决定》更是将法治纳入政府执政能力考核范围。然而，随着法治实践和理论研究的不断深入，学者们在肯定法治评估的积极意义之外，也从不同的角度对其存在的局限性进行了更多的讨论和反思。

### （一）法治评估的功能定位

国内学者们对法治评估的功能定位在不断演化中，前期研究中大多将法治评估的功能定位于政府的治理工具。例如，季卫东认为，建立一整套法治指数的主要意义在于对不同的社会体制和文化进行比较分析、为改造权力结构提供更清晰的蓝图、使法治建设和绩效考核趋于统一化①；钱弘道等认为，法治评估兼具政府治理工具、民主参与和监督等多种功能②；占红沣等认为，法治指数有利于监督政府的政绩，促进科学决策的能力③。但是，随着法治评估实践的展开和问题的出现，学者们开始提出了不同意见。侯学宾等指出，法治评估引入中国后的实践功能定位出现了异化，更偏向于注重政绩的展示与地方竞争力的比拼，成为官员的"政治秀场"和"法治业绩的粉刷匠和帮腔者"，将法治建设引入务虚化和浅表化，容易丢失法治的实质④。王浩认为，将法治评估的结果用于政府考核是对法治评估功能的扭曲，将法治"从一种理想和精神的境界降到了技术和工具的层面"⑤；以考核为目标导向的法治评估无力发现现实问题，法治评估的根本目的应该在于发现法治建设中的问题，并提出针对性解决方案⑥。

### （二）法治评估的内涵定义

从法理逻辑来看，当前中国各领域法治评估功能定位的前提，应来源于对中国国情背景下法治内涵的准确把握和理解。据此，法治评估的首要任务是对评估对象和评估内容建立清晰的概念。《牛津法律大辞典》中将法治形容为"最

---

① 季卫东：《秩序与混沌的临界》，法律出版社，2008 年，第 55 - 56 页。

② 钱弘道、王朝霞：《论中国法治评估的转型》，《中国社会科学》2015 年第 5 期，第 88 - 91 页。

③ 占红沣、李蕾：《初论构建中国的民主、法治指数》，《法律科学（西北政法大学学报）》2010 年第 2 期，第 49 - 50 页。

④ 侯学宾、姚建宗：《中国法治指数设计的思想维度》，《法律科学》2013 年第 5 期，第 7 页。

⑤ 於兴中：《"法治"是否仍然可以作为一个有效的分析概念?》，载《人大法律评论》编辑委员会组编《人大法律评论》（2014 年卷第 2 辑），法律出版社，2014 年，第 5 页。

⑥ 王浩：《论我国法治评估的多元化》，《法制与社会发展》2017 年第 5 期，第 9 页。

为重要的概念,至今尚未有确定的内容,也不易作出界定"①。钱弘道等指出,中国的法治评估采用了一种广义化的界定,即将在一些其他国家和地区不属于法治的内容也纳入法治评估体系中,比如北京市法治建设指标体系中的"民主政治建设"部分内容②。对比中国香港和浙江杭州余杭的法治指数内容可以发现,中国香港地区的法治指数和国际评级机构"世界正义工程"的内容大体一致,而余杭区的法治指数在遵循法治基本共识的基础上又添加了更多中国元素,如市场经济、民主发展和公民素质等测量目标③。侯学宾等基于此指出,尽管多元化的法治指数有利于丰富法治内涵的理解,但也要警惕因此带来的工具化和形式主义④。

### (三) 法治评估的指标体系

法治评估的具体指标体系设计,与其考察的侧重点密切相关。例如,香港法治指数侧重于考量政府是否遵循法律之下行事的原则;"世界正义工程"的法治指数的法理立足点来自对人性的理性怀疑和对权力滥用的担忧;而浙江杭州余杭的法治指数则关注地区法治的发展状况和中国特色社会主义法治的要求。对此,关保英认为,我国法治体系形成的指标存在以下问题:一是主观指标多而客观指标缺乏;二是政策导向指标多而法律规定指标少;三是有相对粗略指标而缺乏细密指标;四是单项指标多而总体指标不足;五是单项评价指标多而法律约束力指标缺失等。因此,法治体系的形成指标应具有统一性、规范性、精确性、可操作性和强制性⑤。张德淼提出,为了避免覆盖面过广造成的指标重叠和评估成本的重复损耗,应在立法、执法、私法和公众评价领域按照层级划分设计和分解指标,形成国家层面具有统一性和规范性的理论指标框架,并与各地区、各行业的具体指标相结合。这一框架应包括法律体系的静态结构和动态运行评估两部分⑥。王浩认为,当法治评估俨然成为一场"运动"时,评估实践往

---

① [英]戴维·M. 沃克:《牛津法律大辞典》,李双元等译,法律出版社,2003 年,第 990 页。

② 钱弘道、戈含锋、王朝霞、刘大伟:《法治评估及其中国应用》,《中国社会科学》2012 年第 4 期,第 140 - 160 页。

③ 钱弘道、戈含锋、王朝霞、刘大伟:《法治评估及其中国应用》,《中国社会科学》2012 年第 4 期,第 140 - 160 页。

④ 侯学宾、姚建宗:《中国法治指数设计的思想维度》,《法律科学》2013 年第 5 期,第 5 页。

⑤ 关保英:《法治体系形成指标的法理研究》,《中国法学》2015 年第 5 期,第 53 - 72 页。

⑥ 张德淼:《法治评估的实践反思与理论建构:以中国法治评估指标体系的本土化建设为进路》,《法学评论》2016 第 1 期,第 125 - 132 页。

往体现出表征主义的问题，即指标内容只关注法治建设过程中的表征测量，而不是从面临的实际问题出发，导致无法有效评价法治建设的具体实践样态和效果。因此，法治评估应从建构主义走向现实主义，需建构更为多元化的评估模式①。

### （四）法治评估的量化方法

量化研究在法治领域的描述普遍性和整体性方面具有显著作用，许多学者认为，法治评估的最大特色就在于量化方法在法治领域的运用②，但这也是其最大的争议点之一。由于量化方法本身具有的局限性，如果未得到恰当和谨慎的使用，就可能无法形成科学、客观的结论。侯学宾等认为，量化性的法治指数设计面临着“科学主义”的困境，过于依赖逻辑和数学的方法对社会历史规律进行探寻，容易遮蔽和压抑法治中人文精神的作用和发展。虽然承载法治的法律强调规则性和逻辑性，但法治并非仅限于此，人类的伦理、道德、审美、尊严等也在观念、意识、精神和原则的层面支撑和引导着法治的存在与运行。因此，法治指数不能只强调量化追求而忽略人文观照，应该将科学主义和人文主义有机结合起来③。王浩在分析了国际上各种法治评估的方法后指出，量化并不是法治评估的唯一途径，定性方法也不应该被排除在外，甚至完全可以在法治评估中单独使用。法治是一个流动的实践，与人的意识情感息息相关，定性方法可以从被量化方法排除的个别样本中挖掘出容易忽视的问题④。

由于法治指数在数据抽样上的偏颇容易导致评估结果的扭曲，量化方法的样本选择会影响其公信力。陈林林提出，法治指数公信力不仅取决于评估方法的科学性，更取决于谁来主持评估⑤。汪全胜则认为，能否掌握全面且准确的样本，直接关系到法治指数的公信力，更关系到它对法治建设的价值⑥。张德淼尖锐地指出了法治评估的真实性和有效性关键在于能否获得真实的资料和样本。目前，我国法治评估存在诸多问题，如抽样方法混乱、样本数据缺乏监

---

① 王浩：《论我国法治评估的多元化》，《法制与社会发展》2017 年第 5 期，第 5－23 页。
② 钱弘道、王朝霞：《论中国法治评估的转型》，《中国社会科学》2015 年第 5 期，第 89 页。
③ 侯学宾、姚建宗：《中国法治指数设计的思想维度》，《法律科学》2013 年第 5 期，第 10 页。
④ 王浩：《论我国法治评估的多元化》，《法制与社会发展》2017 年第 5 期，第 10－11 页。
⑤ 陈林林：《法治指数中的认真和戏谑》，《浙江社会科学》2013 年第 6 期，第 144－147 页。
⑥ 汪全胜：《法治指数的中国引入：问题及可能进路》，《政治与法律》2015 年第 5 期，第 9 页。

督、研究人员不独立等，这些问题都可能影响评估的可行性和公正性，使其容易被作为政绩工程的工具，进而损害法治的良性运行。因此，张德淼建议，法治评估的方法应兼顾量化与质性，扩展量化指标的深度和前瞻性，并将重大问题作为标靶进行个案研究①。孟涛则提出，未来中国的法治评估需要采取科学合理的权重分配和计算规则，并对结果划分等级进行评估、对定量评估结果进行统计审查②。

**（五）小结**

如何保证食品安全风险治理中的社会共治和公众参与真正有效落地，解决我国目前在食品安全信息公开法治实践领域中存在的"民心不信法"问题，科学的风险治理评估机制是关键，也是食品安全风险治理能力走向成熟的重要标志。虽然目前食品安全风险治理领域已有学者使用量化评估等方法进行了风险评估与实践反馈，但仍存在两方面的问题：一是研究大多停留在消费者风险感受反馈的社会学统计层面，并未过多涉及深层次法治建设的原因分析，即定量与定性分析相割裂；二是食品安全信息公开领域的风险治理反馈评估未得到足够重视，缺乏更为细致和深入的研究，尤其是在法治评估方法的应用方面。

## 第三节　研究的基本思路及主要内容

本书将在现有研究的基础上，系统构建以社会共治为原则的食品安全信息公开法律风险反馈机制。该机制以主体法律责任、信息公开程序、信息公开范例为核心内容，以实证研究为数据支撑，旨在从风险治理的视域下精准讨论食品安全信息公开法律制度的完善与细化。针对我国食品安全信息公开法律制度评估模式中应具备的品质，笔者尝试提出建构"问题导向"的风险反向评估模式。所谓反向评估模式，指的是不以传统的演绎逻辑来建构评估的指标体系，而是以问题为导向，通过归纳分析形成法律实施中存在的问题清单，据此评价

① 张德淼：《法治评估的实践反思与理论建构：以中国法治评估指标体系的本土化建设为进路》，《法学评论》2016 第 1 期，第 125－132 页。

② 孟涛、江照：《中国法治评估的再评估：以余杭法治指数和全国法治政府评估为样本》，《江苏行政学院学报》2017 年第 4 期，第 127－136 页。

法律实施情况。

## 一、关键术语界定

在研究开始前，本书将首先对所涉及的一些核心概念予以明确和界定，以避免在后期研究过程中产生歧义。

### （一）食品安全风险

“食品安全”最早由联合国粮农组织于1974年提出，是一个综合性的广义概念，主要包含三个方面的内容。第一，数量上能提供足够的食物以满足社会稳定的基本需要；第二，安全上保证充足营养的同时不对人体健康有任何危害；第三，发展上注重生态环境的长远保护和资源利用的可持续性。1996年，世界卫生组织在《加强国家级食品安全计划指南》中，将食品安全定义为“食品中不应含有可能损害或威胁人体健康的有毒、有害物质或因素，从而导致消费者急性或慢性毒害感染疾病，或产生危及消费者及其后代健康的隐患”①。我国2018年修订实施的《食品安全法》第150条，明确了食品和食品安全为狭义的概念②。许多国内学者也从不同角度对食品安全作出了各种定义，例如戚建刚认为，近年来食品安全事故中呈现出来的危害属性有逐渐向多样化蔓延的趋势，因此应该用“食品危害的三重属性”来界定食品安全③。但笔者认为，此类食品安全的定义比较模糊，存在较多不确定因素，并不适合。据此，本书所称食品安全的定义依然采用《食品安全法》中的狭义界定，即食品无毒无害，符合其营养要求，且对人体健康不造成任何危害（包括急性、亚急性、慢性危害）。

作为社会风险中的一种，食品安全风险具有所有风险的共性，即不确定性。风险的不确定性实质上指的是一种随机概率，其发生的时间、地点、趋势对于个体来说难以预测。食品安全风险可能在原料、生产、加工、流通、销售等具体环

---

① 景忠社：《用科学发展观构建食品安全保障体系》，《中国检验检疫》2006年第12期，第13页。

② 《食品安全法》（2018年版）第150条：食品，指各种供人食用或者饮用的成品和原料以及按照传统既是食品又是中药材的物品，但是不包括以治疗为目的的物品。食品安全，指食品无毒、无害，符合应当有的营养要求，对人体健康不造成任何急性、亚急性或者慢性危害。

③ 戚建刚将食品安全定义为“特定机关依据现有的科学知识与方法能够明确判定某一食品对人体健康不会产生物理、化学、生物或者精神方面的不良影响”。参见戚建刚：《共治型食品安全风险规制研究》，法律出版社，2017年，第33-34页。

节出现，其出现的概率、危害程度和范围都无法事先准确预知。食品安全风险通常表现为一种意外性、偶然性的突发性事件，带来意外的损失和突发的危险。同时，食品安全风险也具备一些自身的特质：①食品安全风险发生的普遍性。食品作为人类生存的必需品，贯穿于社会发展的全过程。食品安全风险发生的概率较高，危害的影响范围广，不但涉及单个群体和国内市场，而且关系到各类消费人群和全球市场。②食品安全风险演化的动态性。所谓动态性，指的是食品安全风险会在不同的时间、地点和环境下发生变化，最终导致危害结果与初始条件之间存在巨大偏差。食品安全风险非常容易产生“蝴蝶效应”，潜在风险初现后风险信息扩散，各利益相关主体聚焦事件，风险会被无限扩大。③食品安全风险损失的严重性。食品安全是公民的基本权利，与人们的生活密切相关。食品安全风险一旦发生，其危害后果不但威胁人类的身体健康和生命安全，还关系到某一食品行业的生死存亡。因而，食品安全风险的有效治理，已经成为衡量现代国家治理能力的重要标志。

### （二）食品安全风险治理①

食品安全风险治理的界定，首先需要定性食品安全风险。德国社会学家乌尔里希·贝克指出，风险的定义直接关系到如何分配风险、采取什么措施来预防和补偿风险②。食品安全风险的定性应基于现实社会的经验分析和因果关系，而非研究者的主观意志想象。结合哲学、社会学、心理学、人类学、法学等多学科关于风险属性模式的研究成果，食品安全风险的定性可以分为现实主义和建构主义两大模式③。

现实主义模式以食品安全风险现象本身作为逻辑起点，认为食品安全风险虽然受到主观因素的影响，但物质性才是其本质属性，将食品安全风险预设为一种客观存在的自然现象④。这种模式通常基于大量的食品安全事故数据，采

---

① 行政法学界的学者比较习惯使用“风险规制”的概念进行研究。风险规制是超前性的工作，以尚未造成损失的风险为研究对象，旨在减少风险发展演变为真实事件的可能性。而本书以食品安全风险的全部环节为研究对象，尤其关注风险产生后的评价和反馈过程，因此以“风险治理”概念进行阐述更为合适。

② [德]乌尔里希·贝克：《风险社会》，何博闻译，译林出版社，2004年，第15页。

③ 沈岿：《平衡论：一种行政法认知模式》，北京大学出版社，1999年，第50-51页。

④ 沈岿：《风险评估的行政法治问题：以食品安全监管领域为例》，《浙江学刊》2011年第3期，第16-27页。

用数学模型和假设,通过单一的物质维度来衡量食品安全风险的负面后果。它常用结果导向的线性思维方式,如将食品安全事件可能导致的死亡或受伤人数与事故发生的可能性指数相乘,来计算食品安全风险①。然而,这种方法往往忽视了食品安全事故的背景因素,如风险分布范围和公众的主观意识等,从而可能导致评价结果的片面性。

与现实主义模式相反,建构主义模式的逻辑起点则来自食品安全风险的感知者和承受者,即将食品消费者作为食品安全风险的核心视角。建构主义模式认为食品安全风险并不单纯是客观现象,更是一种随社会发展而演变的社会事件。正如德国社会学家卢曼所言,风险系统理论应该是一种认知和理解:任何事情本身并不是风险,而任何事情又都可能成为风险。风险的重要性不在于风险本身,而在于人们对风险里危险的考虑和分析②。除了物质性维度之外,建构主义模式还通过多个维度来衡量食品安全风险的负面后果。这些维度包括风险的灾难性、可控性、持续性分布状态、公众认知以及社会背景等。建构主义模式在风险判断方法上,也没有统一的标准,而是根据不同事件选择适当的方法。

笔者认为,健康、平等、公平等食品安全风险所涉及的价值理念是由社会中的结构性力量所决定的,体现了不同风险领域中每一个团体或制度的利益选择。因此,食品安全风险的定性必须考虑多个维度,风险变项的选择是研究和分析的关键,这也反映了研究者的价值取向。食品安全风险治理旨在事实与价值、公平与效率之间寻求适当的平衡,通过调整食品安全法律制度的设定与实施来降低食品安全风险的不确定性和危害性。

### (三) 食品安全信息公开

信息公开是食品安全风险治理中至关重要的一环。信息在食品安全风险治理中发挥着极为关键的作用,风险信息的获取、公开和交流是食品安全风险治理最为基础的工作,可以说是食品安全风险治理的“血液”。食品安全信息公开要求信息披露必须及时、客观、完整、准确和透明。及时性意味着信息公开流

---

① 食品安全风险现实主义模式计算风险的常用公式为:食品安全风险($R$)=损害程度($H$)×发生的可能性($P$)。戚建刚:《共治型食品安全风险规制研究》,法律出版社,2017年,第39页。

② [德]尼克拉斯·卢曼:《风险社会学》,孙一洲译,广西人民出版社,2020年,第9-37页。

程在时效上必须符合法律要求；客观性、准确性和透明性意味着信息公开流程在程序设置上必须公开和公正；完整性则要求信息公开必须避免选择性披露，确保信息全面呈现。

食品安全信息公开的必要性来源于以下两个方面。

### 1. 食品安全信息不对称

在市场经济活动中，信息不对称是一种常见的经济现象。当涉及食品安全信息交换时，拥有较多信息的食品生产者处于优势地位，而消费者则会处于劣势。在经济利益的驱使下，食品生产者和销售者可能会故意隐瞒食品安全风险信息，出现信息失衡现象。此时，迫切需要法律法规设定责任主体，将食品安全信息公开给社会。由于掌握食品安全风险评估技能和获取相关信息的成本非常高昂，消费者个体难以承受，所以我国《食品安全法》将食品安全信息公开的法律责任主体定位于政府主管部门和食品生产企业。根据《食品安全法》第118条的规定，国家应通过统一的食品安全信息平台实行食品安全信息统一公布制度，具体信息包括食品安全的总体情况、风险警示信息、重大食品安全事故处理信息，以及其他国务院确定需要统一公布的信息。

### 2. 食品安全公民知情权的需要

基于食品的信任品属性，社会公众确定食品的安全程度需要其相关信息的充分披露。因此，《食品安全法》第12条规定，任何组织或者个人有依法向有关部门了解食品安全信息的权利。根据我国《食品安全法》的规定，食品安全方面的公民知情权具体包括以下三个方面。①违法行为监督。根据《食品安全法》第10条的规定，各级人民政府和新闻媒体承担着宣传和普及食品安全知识的法律责任，新闻媒体和社会都可以监督食品安全违法行为。②食品安全风险警示。根据《食品安全法》第21条的规定，食品安全风险评估后，关于食品、食品添加剂、食品产品等不安全的信息，应当立即向社会公告，确保消费者能够及时并清楚地了解；第22条进一步明确，一旦出现食品安全风险，政府主管部门必须及时向社会公布食品安全风险警示。③食品安全风险信息交流。根据《食品安全法》第23条的规定，政府主管部门应当组织生产经营者、检验认证机构、行业协会、消费者协会和新闻媒体等多方组织，就食品安全风险评估信息进行交流和沟通。

## 二、研究的主要内容

本书共分为五个章节。

第一章：风险治理与食品安全信息公开。

本章为全书的导论部分，内容如下。

(1) 学术梳理与研究方向：结合国内外社会学、法学等多学科的研究成果，本章从风险、食品安全信息公开的风险治理、法治评估三个角度，系统梳理了食品安全信息公开风险治理的学术史。通过对现有研究的全面回顾，寻找研究的突破口与方向，为后续研究的开展奠定基础。

(2) 研究思路与术语界定：阐述了全书的基本研究思路，对食品安全、食品安全风险治理、食品安全信息公开等关键术语进行界定。归纳总结了本书的主要研究内容和学术创新点，明确了研究的整体框架和逻辑结构。

第二章：食品安全信息公开风险评估之公众需求。

(1) 研究背景与目标：本部分研究将以消费者这一食品安全信息的最终“受众”为着力点，旨在考察统一食品安全信息平台、地方政府网站、主流新闻媒体、市场监管局微信公众号等法定渠道的实际使用效果。通过消费者问卷调查和政府主管部门访谈等方式进行社会调查和实证分析，深入剖析我国目前食品安全信息公开法律制度公众负面评价的风险成因。

(2) 研究方法与过程：实证研究以浙江省杭州市为研究样本，通过建立以计划行为理论（TPB）为基础的结构方程模型（Structural Equation Model, SEM）进行实证分析。结果表明，社会公众对于食品安全信息公开的风险反馈结果会正向影响食品安全信息公开法律制度的实施效果。当食品安全信息公开法定渠道的效果低于预期时，建立科学的法律实施评估模式，以有效靶向影响食品安全信息公开法律实施效果的因素，是切实提升食品安全信息公开风险治理能力的一个关键点。

(3) 深入分析与发现：针对法治评估的本质属性，本章提出在我国食品安全信息公开法律制度实施的风险评估中，应采取“问题导向”的风险反向评估模式。这种模式能够切实关注社会公众作为法治主体的需求和感受，避免形成“评估泡沫”，具有其合理性和现实意义。

第三章：食品安全信息公开风险治理之国际比较。

本部分研究将以世界各国的食品安全信息公开法律制度为研究对象。在考察各国、各地区食品安全信息公开法律制度历史演进过程的基础上,结合第二部分的实证分析结果,比较研究我国与其他国家和地区在食品安全信息公开“社会共治”实际需求方面的异同,旨在寻找适合中国国情的食品安全信息公开风险治理路径。

第四章:食品安全信息公开法律制度的现实困境。

(1) 主体法律责任。本部分研究旨在通过权利和义务机制,为食品安全信息公开的风险治理活动提供合法性评价和理解框架。探索细化现有法律法规中明确的职责分工,包括国务院食品安全委员会、食品监督管理部门、卫生行政部门、出入境检验检疫部门和地方各级人民政府等行政法律主体。研究将着重完善与强化政府主管机关、利害关系人、专家及普通公众四类主体各自在食品安全信息公开过程中的法律角色和法律责任。

(2) 法定内容科学。本部分研究旨在通过系统梳理我国现有法律制度中关于食品安全信息公开的具体法律规定,完整分析相关条款中的食品安全日常监管信息、供应链信息、风险评估和风险警示信息、食品安全标准等内容。通过研究法律条文之间的逻辑与内容关系,明晰法定食品安全信息公开的范围,剖析现有“重要信息”与“一般信息”法定分类的科学性与合理性,并探索食品安全信息公开法定内容的详尽范例制度。

(3) 法定程序公正。本部分研究旨在系统梳理我国现有法律制度中关于食品安全信息公开具体程序的法律规定,全面分析相关条款中食品安全信息报告和通报方式、共享协调制度、第三方评估、统一信息平台等内容。通过研究法律条文之间的逻辑与内容关系,明确食品安全信息公开各行政主体的权力清单,完善食品安全信息公开法定程序在方式、工具和渠道上的可行性和专业性,确保程序的公正性和透明度。

第五章:食品安全信息公开与公众风险理性培育。

(1) 本部分研究将综合考量前述各环节中影响食品安全信息公开法律实施效果的风险因素,探索提升食品安全信息公开法定渠道公众认知度和信任度的具体治理方向,调和食品安全信息公开体系内形式服务性与内容垄断性之间矛盾的解决途径。具体分析了食品安全信息公开“信任危机”的原因,如风险信息的公开路径与获取渠道间不对称、信息公开主体与信息受众间缺乏常态互动、社会公众在应对食品安全风险方面存在知识欠缺等。

(2) 基于私法与公法结合的社会共治、混合型公共治理理论、行为经济学中的公众风险认知等理论分析,目标是培育食品安全信息公开中公众理性的风险认知,建构食品安全信息公开法律风险反馈机制。

(3) 建构系统化的食品安全信息公开法律风险反馈动态闭环,解决如何在已有的食品安全信息公开风险治理模式中落实"社会共治"原则,实现国家治理体系和治理能力现代化。

## 三、学术创新

本书回应推进国家治理体系和治理现代化的系统性要求,关注互联网时代食品安全信息公开中的主要社会矛盾,从法学角度研究提升政府风险治理能力的途径。笔者认为,我国食品安全信息公开法律制度的研究应当在比较法意义上突出主体性和独立性,通过反映现实国情的风险反馈机制,实现社会共治原则的"中国道路"。本书论证过程中综合运用规范分析、比较研究、文献分析和实证研究等方法,通过社会调查明确影响食品安全信息公开法律实施风险效果的相关变量,并利用计划行为理论、结构方程模型等统计学方法对数据收集结果进行实证分析,为法律理论研究提供坚实的数据支撑。

本书论证的具有创新价值的学术观点主要有:

(1) 食品安全信息公开法律实施反馈机制是风险治理的方向:基于消费者的法律实施反馈机制,是互联网时代食品安全信息公开风险的"反思—协调—完善—发展"型回应模式。这一机制有助于提升食品安全信息公开法定渠道的公众认知度和信任度并成为有效的风险治理方向。

(2) 食品安全信息公开主体法律责任明晰是风险治理的前提:在我国食品安全信息公开法律制度中,采用"政府主导+社会共治"的风险治理模式,明确和完善政府主管机关、利害关系人、专家、普通公众四类法律主体的法律责任,是建构我国食品安全信息公开风险治理路径的前提条件。

(3) 食品安全信息公开公众理性培育是风险治理的有效辅助:政府理性与公众理性并存的"双重理性公开范式",以知情权为逻辑起点,协助食品安全信息公开法律制度从协商民主到风险民主,实现信息发布渠道和主体间的多层次互谅体系,有利于提升政府的风险治理能力。

最终,本书的实际应用价值在于:完善食品安全信息公开各行政主体权力清单、法定公开范围和公开程序,形成食品安全信息公开的范例。这将推动我国食品安全信息公开法律制度的完善和细化,提升市场监督管理部门的食品安全风险治理能力。

# 第二章
# 食品安全信息公开风险评估之公众需求

现代社会进入“风险社会”(risk society)后，食品安全成为其中重要的风险领域。目前，食品安全已经成为衡量一个政府执政能力的重要判断标准，食品安全的风险治理亦被纳入我国国家重大战略布局之中，推进食品安全领域国家治理体系和治理能力现代化，成为食品安全法律制度的核心主线。2009 年颁布的《食品安全法》建立了风险监测和评估制度。2015 年修订后的《食品安全法》对该制度作出了进一步完善，至此我国的食品安全风险治理正式走向全过程的风险防控。在这一过程中，食品安全信息公开的法律制度设计显得尤为重要，信息公开被锚定为风险社会的内生属性和矫正要素。一旦维持食品安全信息公开的公众认知环境和法律实践反馈缺失，食品安全风险将持续处于不稳定或不可预期的状态，进而可能转变为“实体风险”。因此，互联网时代食品安全信息公开法律制度设计的合理与否，将在很大程度上影响国家食品安全治理的成效。

从立法角度来看，2015 年修订后的《食品安全法》、2018 年的《食品药品安全监管信息公开管理办法》和 2019 年的《政府信息公开条例》，构成了当前我国食品安全信息公开的主要法律依据。从法治实践角度来看，行政机构整合后设立的市场监督管理局承担着食品安全信息公开的主要职能，利用政府网站、新闻媒体、微信公众号等各种平台和渠道发布食品安全信息，不断致力于提升社会公众对食品安全信息公开法治建设的评价。为了初步检验食品安全信息公开法律制度的实施效果，笔者以浙江省杭州市为研究样本进行地域性社会调查，通过建立基于计划行为理论(TPB)的结构方程模型(SEM)进行实证分析。

结果发现，公众对我国食品安全信息公开法律制度实施的评价并未达到理想中的认可。

## 第一节 实证理论基础与研究假设

### 一、实证理论基础

从一个法律制度的实施效果来看，要保证其有效运行，前提条件是拥有广泛的公众认知基础和较高的执法认可度。然而，从目前我国食品安全信息发布的法治现状来看，官方信息发布渠道并没有达到制度设计者的预期目标，导致了政府食品安全主管部门的“公信力”下降。

在食品安全信息公开法律制度实施的问题上，英国曼彻斯特大学法学教授安东尼·奥格斯(Anthony Ogus)认为，食品安全信息的不对称会影响公众对本地食品安全水平的评价，而法定的食品安全信息公开情况则会影响公众对政府食品监管的判断。因此，政府通过建立有效的信息发现、显示和信誉机制等食品安全信息公开法律制度，能够有效解决食品安全的社会舆情问题。[①] 其中，北美和欧洲的学者较早开展了关于消费行为学的研究，认为消费者的购买活动是消费者认知等多方面因素综合形成的结果，因此必须建立有效的管理和信息交流系统，利用大众传媒，准确及时地传播有针对性、可靠且可复刻的食品安全信息。

我国在2015年《食品安全法》修订之后，汪全胜等学者开始重视搭建统一有效的食品安全信息平台，提出了建立食品安全信息共享制度的必要性[②]。随着大数据技术的逐步完善，更多学者提出可以通过建立多学科单位协同研究合作平台，开展食品安全网络舆情信息的搜集和风险评估，构建食品安全风险舆情的快速响应机制，及时纠偏一些自媒体发布的不实信息。[③] 近年来，网络新

① [英]安东尼·奥格斯：《规制：法律形式与经济学理论》，骆梅英译，中国人民大学出版社，2008年，第123页。

② 汪全胜：《我国食品安全信息共享机制建设析论》，《法治研究》2016年第3期，第132－139页。

③ 李倩：《大数据视域下食品信息智库的构建》，《兰台研究》2017年第2期，第60－61页。

媒体的发展中，各种食品安全信息影响着消费者的情绪和行为选择。学者们通过调查问卷的统计学分析和模型计量，认为政府作为最受消费者信任的食品安全信息发布者，应该加强对消费者行为选择角度的信息收集和分析，完善舆情引导机制①。

综上，国内外学者都认为政府通过建立有效的信息发现、显示和信誉机制等食品安全信息发布活动，在一定程度上可以有效解决食品安全的社会舆情问题。食品安全信息的有效获取，是公众感知食品安全风险的基本保障，也是其判断政府监管效果的主要依据。一旦社会公众无法搜寻到感知有用性（perceived usefulness）②的食品安全信息获取渠道，他们在食品消费中的“消费安全感”便得不到保证。消费安全感，指的是在消费过程中可能出现的身体、心理以及财务经济方面的危险或风险的预感，以及消费个体在应对和处置这些危险或风险时的有力感或无力感，主要表现为确定感和可控制感。它是消费满意度的重要衡量指标之一。感知并躲避风险是人类的本能反应，依靠来源于主观认知的风险感知来评估风险是社会公众的常态。因此，在食品消费行为中，消费安全感是风险感知（risk perception）③中非常重要的部分，是消费者在购买决策时判断产品是否能达到预期的前提，也是食品安全风险治理的重要环节。

目前，计划行为理论（TPB）已被学者们广泛应用于食品消费选择的行为意向及其影响因素之间关系的研究中。计划行为理论提出，人的行为意图决定了人的行为，而行为意图又由行为态度、主观规范和自我效能所决定④。例如，科特（Kothe）等人运用计划行为理论分析了信息干预对消费者蔬菜消费行为的影响⑤；

---

① 唐晓纯、赵建睿、刘文：《消费者对网络食品安全信息的风险感知与影响研究》，《中国食品卫生杂志》2015 年第 4 期，第 456 - 463 页。

② Li, C. Y. “Persuasive Message on Information System Acceptance: A Theoretical Extension of Elaboration Likelihood Model and Social Influence Theory”, *Computers in Human Behavior*, 29(1)2013, pp.264 - 275.

③ 余硕：《新媒体环境下的食品安全风险交流：理论探讨与实践研究》，武汉大学出版社，2017 年，第 75 页。

④ Ajzen, I. “The Theory of Planned Behavior”, *Organizational and Human Decision Processes*, 50(2)1991, pp.179 - 211.

⑤ Kothe, E. J., Mullan, B. A., Butow, P. “Promoting Fruit and Vegetable Consumption: Testing an Intervention Based on the Theory of Planned Behaviour”, *Appetite*, 58(3)2012, pp. 997 - 1004.

库克(Cook)等人通过对新西兰消费者在转基因食品购买意图的分析,证实了主观规范、行为态度、自身因素等均会显著影响食品消费的购买意向①。结构方程模型(SEM)是一种基于变量的协方差矩阵分析变量之间关系的统计方法,相对于传统统计方法在处理潜变量上的缺陷,结构方程模型能同时处理潜变量及其指标,为研究难以直接测量的变量之间的关系提供了科学的分析工具②。将结构方程模型与计划行为理论相结合,用于研究行为意向与其影响因素之间的关系,已成为一种比较成熟的学术研究方式,并被广泛应用于消费者和健康行为的研究领域③。一些国内学者也利用此方法,通过对食品安全满意度的分析,探讨民众感知与政府监管行为评价之间的相互关系。④ 因此,基于计划行为理论与结构方程模型相结合的方法,探寻社会公众评价食品安全信息公开法律制度实施效果的影响因素是恰当的。

## 二、实证研究假设

消费者对政府发布食品安全信息的行为态度(*ATT*),是指个体对目前政府主管部门发布的食品安全信息内容所表现出的积极或消极评价。感知价值(*PV*),是指消费者对政府发布的食品安全信息所感知的整体价值。当消费者感知某种行为有价值且令人愉悦时,他们有可能采取该行为,因此,政府的各种食品监管措施的内容会显著影响消费者对政府食品安全监管的评价。据此,提出假设 1(H1):消费者对政府发布的食品安全信息内容的评价,对消费者感知政府食品安全信息的价值存在正向影响。

食品安全信息发布的主观规范(*SN*),是指消费者感知政府强化食品安全信息发布程序的设置及由此带来的社会压力。个人在信息传播、知识分享等方面的行为意向在很大程度上会受到主观规范等社会因素的影响。主观规范对行为

---

① Cook, A. J., Kerr, G. N., Moore, K. "Attitudes and Intentions towards Purchasing GM Food", *Journal of Economic Psychology*, 23(5)2002, pp. 557 - 572.

② 侯杰泰、温忠麟、成子娟:《结构方程模型及其应用》,经济科学出版社,2004 年,第 17 - 19 页。

③ 例如 Ajzen, I. *Attitudes, Personality and Behavior*, Chicago: Dorsey Press, 1988; Conner, M., Sparks, P., Norman, P. *Predicting Health Behaviour: Research and Practice with Social Cogtition Models*, Buchingham: Open University Press, 1995.

④ 王建华、葛佳烨、刘茁:《民众感知、政府行为及监管评价研究》,《软科学》2016 年第 1 期,第 36 - 40 页。

意向的影响主要通过合规程序起作用，即个体在采取某种行为时会考虑该行为能否得到社会的认可或避免社会的反对。据此，提出假设 2(H2)：政府发布食品安全信息程序的设置，对消费者感知政府食品安全信息的价值存在正向影响。

消费者对食品安全信息发布渠道的自我效能(*SE*)，是指个体对自己选择可靠食品安全信息发布渠道的能力以及对这一行为的控制程度的感知。自我效能是个体对行为执行结果的预期判断，如果个体感觉自己在信息传播和知识共享方面拥有较高的自我效能，那么他将更愿意选择此方式参与知识构建活动。据此，提出假设 3(H3)：消费者掌握食品安全信息发布渠道的能力对消费者感知食品安全信息的价值存在正向影响。

食品消费安全感(*SF*)，是指消费者在食品消费过程中对可能出现的危险或风险的预感，以及在应对和处置这些危险或风险时的确定感和可控制感，是消费者满意度的重要指标。信息服务质量会影响消费者对服务价值的感知，进而影响消费者满意度。一般来说，消费者认为政府等非营销性信源更为可靠，只要消费者能够获取相关信息，就能提高信息的感知有用性，从而提高消费安全感。据此，提出假设 4(H4)：消费者感知政府食品安全信息的价值，对其在食品消费中的安全感存在正向影响。

持续使用意愿(*IV*)，是指消费者继续使用政府食品安全信息发布渠道获取食品安全信息的意愿。当前，政府监管在我国食品安全体制中占据主体地位，因此消费者对政府食品安全监管的满意度，对食品安全总体评价的影响最大。据此，提出假设 5(H5)：消费者在食品消费中对风险的确定感和可控感，对其持续使用政府食品安全信息渠道获取食品安全信息存在正向影响。

综上所述，本书基于计划行为理论，构建了一个用于分析影响食品安全信息公开法律制度实施效果的结构方程模型(见图 2-1)。

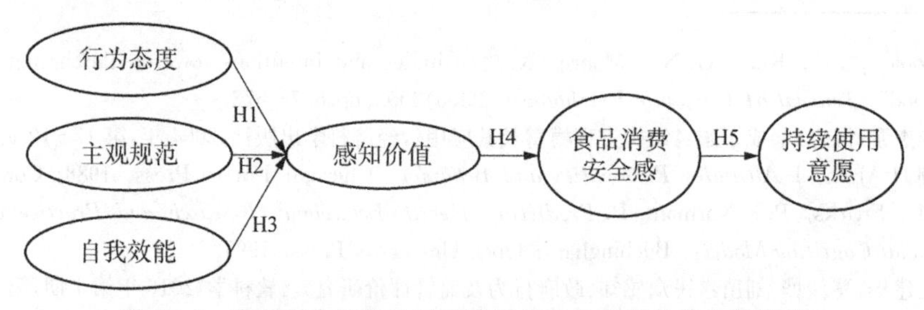


**图 2-1 食品安全信息公开法律制度实施效果结构方程模型**

### 三、实证研究方法

杭州作为浙江省省会城市和长江三角洲的中心城市之一，市场经济发展迅速，食品安全市场监管治理水平较高，并且重视食品安全信息公开工作。因此，选取杭州作为调查对象，以杭州市的八个市辖区(上城、拱墅、西湖、滨江、萧山、余杭、临平、钱塘)的居民为具体调查对象，分两个阶段进行问卷调查。依据麦卡勒姆(MacCallum)提出的RMSEA(近似误差均方根)估计方式与舒马赫和洛马克斯(Schumacker & Lomax)的调查结果，本次调查的样本数定为400～500，以保证显著性检验的稳定和统计检验力①。本次调查的第一阶段于2019年11—12月进行，采用定点单位访谈和街头随机拦截访谈等方式发放纸质问卷，以确保样本的全面性和随机性，共发放问卷427份，其中有效问卷380份②；第二阶段于2021年7—9月进行，采用网络问卷填写方式进行补充，共发放问卷90份，其中有效问卷74份；两个阶段合计投放问卷517份，其中有效问卷454份。问卷(见附录)涉及6个变量和29个测量题目，采用李克特(Likert)七级量表法。

## 第二节 实证研究的信效度分析

### 一、测量模型

#### (一) 会聚效度(Convergent Validity)

根据安德森和戈宾(Anderson & Gerbing)的建议，一个完整的结构方程

---

① 目前，计算SEM模型统计检定力及样本量多依赖于麦卡勒姆等人1996年所提出的RMSEA的估计方式。根据这一方式，无论计算出来的样本数应为多少，如果不足200，也应至少使用200个样本执行；如果超过200，则按照计算出来的样本数执行抽样，参见MacCallum, R.C., Browne, M.W., Sugawara, H.M. "Power Analysis and Determination of Sample Size for Covariance Structure Modeling", *Psychological Methods*, 1(2)1996, pp.130－149。而舒马赫和洛马克斯2004年的调查文献发现，大多数采用SEM模型的文章使用了250～500个样本，参见Schumacker, R.E., Lomax, R.G. *A Beginner's Guide to Structural Equation Modeling*, 2th ed., Mahwah, NJ: Lawrence Erlbaum Associates, 2004.

② 定点单位包含但不限于浙江建筑设计研究院、杭州阔博科技有限公司、杭州维德电子科技有限公司、中国计量大学等；街头访谈问卷调查包含但不限于西湖文化广场、武林广场、嘉里中心、文二西路华商超市、城西银泰城、下沙丽泽苑小区、龙湖滨江天街、萧山宝龙广场、余杭翡翠城东小区等地。

模型(SEM)评估包含测量模型(Measurement Model)的评估和结构模型(Structural Model)的评估[①]。只有当测量模型通过拟合度检验后,方能进行完整的SEM模型分析。验证式因素分析(Confirmatory Factor Analysis, CFA)等同于结构方程模型中测量模型的估计方法。本节研究根据克兰(Kline)[②]的二阶段模型对CFA测量模型进行评估与修正。

测量模型采用极大似然估计法,估计的参数包括因素负荷量、信度、会聚效度及区分效度,表2-1中提供了非标准化因素负荷量、标准误、显著性检验、标准化因素负荷量、多元相关平方、合成信度与平均方差抽取量。根据收敛效度标准(Hair, Anderson, Tatham & Black[③]; Nunnally & Bernstein[④]; Fornell & Larcker[⑤]):①每个指标变量的标准化因素负荷量(Standardized Factor Loading)应高于0.50;②合成信度(Composite Reliability)应高于0.60;③平均方差抽取量(Average Variance Extracted)应高于0.50。

金(Chin)建议,题目信度和标准化因素负荷量理想上应大于0.70,0.60以上则为可接受[⑥];胡珀(Hooper)等人认为,标准化因素负荷量低于0.45的题目应该删除,因为这表示该题目存在过多的误差。此外,多元相关平方为标准化因素负荷量的平方[⑦]。

如表2-1所示,标准化因素负荷量介于0.600~0.858之间,均符合范围,显示每个题目均具有良好的题目信度;研究构面合成信度介于0.792~

① Anderson, J.C., Gerbing, D.W. "Structural Equation Modeling in Practice: A Review and Recommended Two-step Approach", *Psychological Bulletin*, 103(3)1988, p.411.

② Kline, R.B. *Principles and Practice of Structural Equation Modeling* (3 ed.). New York: Guilford, 2011.

③ Hair, Jr. J.F., Anderson, R.E., Tatham, R, L., Black, W.C. *Multivariate Data Analysis* (5th ed.). Englewood Cliffs, NJ: Prentice Hall, 1998.

④ Nunnally, J.C., Bernstein, I.H. *Psychometric Theory* (3rd ed.). New York: McGraw-Hill, 1994.

⑤ Fornell, C., Larcker, D.F. "Evaluating Structural Equation Models with Unobservable Variables and Measurement Error", *Journal of Marketing Research*, 18(1)1981, pp.39-50.

⑥ Chin, W.W. "Commentary: Issues and Opinion on Structural Equation Modeling", *Management Information Systems Quarterly*, 22(1)1998, pp.7-16.

⑦ Hooper, D., Coughlan, J., Mullen, M. "Structural Equation Modelling: Guidelines for Determining Model Fit", *Electronic Journal of Business Research Methods*, 6(1)2008, pp.53-60.

0.880之间，均超过0.700，全部符合学者建议的标准，显示每个构面均具有良好的内部一致性；最后，平均方差抽取量范围为0.550～0.615，均高于0.500，全部符合标准（Hair, et al.①；Fornell & Larcker②），显示每个构面均具有良好的会聚效度。

**表2-1 测量模式结果分析**

| 构面 | 指标 | 参数显著性估计 | | | | 题目信度 | | 合成信度 | 会聚效度 |
|---|---|---|---|---|---|---|---|---|---|
| | | 非标准化因素负荷量 | 标准误 | 非标准化因素负荷量/标准误 | $p$值 | 标准化因素负荷量 | 多元相关平方 | 合成信度 | 平均方差抽取量 |
| *ATT* | *ATT*1 | 1.000 | | | | 0.752 | 0.566 | 0.865 | 0.563 |
| | *ATT*2 | 0.980 | 0.065 | 15.039 | 0.000 | 0.714 | 0.510 | | |
| | *ATT*3 | 1.062 | 0.065 | 16.230 | 0.000 | 0.784 | 0.615 | | |
| | *ATT*4 | 1.037 | 0.067 | 15.452 | 0.000 | 0.767 | 0.588 | | |
| | *ATT*5 | 1.000 | | | | 0.731 | 0.534 | | |
| *SN* | *SN*1 | 1.000 | | | | 0.718 | 0.516 | 0.880 | 0.595 |
| | *SN*2 | 1.079 | 0.067 | 16.172 | 0.000 | 0.783 | 0.613 | | |
| | *SN*3 | 1.207 | 0.072 | 16.799 | 0.000 | 0.858 | 0.736 | | |
| | *SN*4 | 1.121 | 0.073 | 15.309 | 0.000 | 0.770 | 0.593 | | |
| | *SN*5 | 1.054 | 0.075 | 14.145 | 0.000 | 0.720 | 0.518 | | |
| *SE* | *SE*1 | 1.000 | | | | 0.751 | 0.564 | 0.859 | 0.550 |
| | *SE*2 | 1.054 | 0.062 | 16.884 | 0.000 | 0.803 | 0.645 | | |
| | *SE*3 | 1.020 | 0.064 | 15.998 | 0.000 | 0.779 | 0.607 | | |
| | *SE*4 | 0.866 | 0.062 | 13.903 | 0.000 | 0.696 | 0.484 | | |
| | *SE*5 | 0.693 | 0.052 | 13.356 | 0.000 | 0.671 | 0.450 | | |

① Hair, Jr. J.F., Anderson, R.E., Tatham, R, L., Black, W.C. *Multivariate Data Analysis* (5th ed.). Englewood Cliffs, NJ: Prentice Hall, 1998.

② Fornell, C., Larcker, D. F. "Evaluating Structural Equation Models with Unobservable Variables and Measurement Error", *Journal of Marketing Research*, 18(1)1981, pp.39-50.

（续表）

| 构面 | 指标 | 参数显著性估计 | | | | 题目信度 | | 合成信度 | 会聚效度 |
|---|---|---|---|---|---|---|---|---|---|
| | | 非标准化因素负荷量 | 标准误 | 非标准化因素负荷量/标准误 | *p* 值 | 标准化因素负荷量 | 多元相关平方 | 合成信度 | 平均方差抽取量 |
| *PV* | *PV*1 | 1.000 | | | | 0.600 | 0.360 | 0.835 | 0.562 |
| | *PV*2 | 1.437 | 0.111 | 12.938 | 0.000 | 0.804 | 0.646 | | |
| | *PV*3 | 1.411 | 0.113 | 12.438 | 0.000 | 0.783 | 0.613 | | |
| | *PV*4 | 1.483 | 0.120 | 12.387 | 0.000 | 0.793 | 0.629 | | |
| *SF* | *SF*1 | 1.000 | | | | 0.794 | 0.630 | 0.864 | 0.615 |
| | *SF*2 | 1.024 | 0.058 | 17.718 | 0.000 | 0.808 | 0.653 | | |
| | *SF*3 | 1.019 | 0.057 | 17.983 | 0.000 | 0.805 | 0.648 | | |
| | *SF*4 | 0.904 | 0.059 | 15.235 | 0.000 | 0.727 | 0.529 | | |
| *IV* | *IV*1 | 1.000 | | | | 0.711 | 0.506 | 0.792 | 0.561 |
| | *IV*2 | 1.142 | 0.081 | 14.170 | 0.000 | 0.837 | 0.701 | | |
| | *IV*3 | 0.995 | 0.078 | 12.819 | 0.000 | 0.691 | 0.477 | | |

### （二）区分效度

本节研究采用较为严谨的 AVE 法对测量模型的区分效度进行检验。根据福内尔和拉克尔（Fornell & Larcker）的标准，如果每个构面的 AVE 平方根大于构面之间的相关系数，则表示模型具有良好的区分效度①。如表 2－2 所示，本节研究中对角线每个构面的 AVE 平方根均大于对角线外的相关系数，因此，本节研究的每个构面均具有良好的区分效度。

表 2－2　测量模型之区分效度

| | 平均方差抽取量 | *ATT* | *SN* | *SE* | *PV* | *SF* | *IV* |
|---|---|---|---|---|---|---|---|
| *ATT* | 0.563 | **0.750** | | | | | |
| *SN* | 0.595 | 0.549 | **0.771** | | | | |

① Fornell, C., Larcker, D. F. "Evaluating Structural Equation Models with Unobservable Variables and Measurement Error", *Journal of Marketing Research*, 18(1)1981, pp. 39－50.

（续表）

| | 平均方差抽取量 | *ATT* | *SN* | *SE* | *PV* | *SF* | *IV* |
|---|---|---|---|---|---|---|---|
| *SE* | 0.550 | 0.505 | 0.475 | **0.742** | | | |
| *PV* | 0.562 | 0.559 | 0.694 | 0.511 | **0.750** | | |
| *SF* | 0.615 | 0.396 | 0.491 | 0.362 | 0.708 | **0.784** | |
| *IV* | 0.561 | 0.261 | 0.324 | 0.238 | 0.467 | 0.659 | **0.749** |

注：表格中黑体数字表示对角线每个构面的AVE平方根，其余为对角线外的相关系数。

## 二、结构模型拟合度报告

结构模型通过最大概似法进行分析后，最终可获得模型拟合度、研究假设显著性检验及可解释方差（$R^2$）等结果。值得注意的是，SEM模型通常用于大样本分析，在此情况下研究假设检验极易达到显著（$p<0.05$），从而可能错误地拒绝“样本与模型协方差矩阵相等”的原假设。因此，克兰①、舒马赫与洛马克斯②建议应呈现多种拟合度指标来评判模型的拟合程度，而不能仅仅依赖于$p$值。本节研究采用了杰克逊（Jackson）等人2009年在SSCI国际期刊中广泛使用的九种拟合度指标来报告研究结果③。

表2-3列出了几个模型拟合指标，除了$\chi^2$值愈低愈好以外，所有其他模型拟合指标均符合建议的门槛（Schumacker & Lomax④）。由于$\chi^2$对大样本非常敏感，因此需要辅以卡方值/自由度来评估；良好的模型拟合度，理想值应低于3。胡和本特勒（Hu & Bentler）提出，除了独立评估每个指标外，还应使用更为严谨的模型拟合指标来同时控制型Ⅰ错误，如$SRMR<0.08$和$CFI>$

① Kline, R.B. *Principles and Practice of Structural Equation Modeling* (3 ed.). New York: Guilford, 2011.

② Schumacker, R.E., Lomax, R.G. *A Beginner'S Guide to Structural Equation Modeling* (3 ed.). Taylor and Francis Group, LLC., 2010.

③ Jackson, D.L., Gillaspy Jr, J.A., Purc-Stephenson, R. "Reporting Practices in Confirmatory Factor Analysis: An Overview and Some Recommendations", *Psychological Methods*, 14(1) 2009, pp.6-23.

④ Schumacker, R.E., Lomax, R.G. *A Beginner's Guide to Structural Equation Modeling* (3 ed.). Taylor and Francis Group, LLC., 2010.

0.90 或 $RMSEA < 0.08$ ①。

**表 2-3 模型拟合度**

| 拟合指标 | 可容许范围 | 研究模型拟合度 |
|---|---|---|
| ML$\chi^2$<br>卡方值 | 越小越好 | 1 210.065 |
| *DF*<br>自由度 | 越大越好 | 291.000 |
| Normed Chi-sqr($\chi^2/DF$)<br>卡方值/自由度 | $1<\chi^2/DF<3$ | 4.158 |
| *RMSEA*<br>近似误差均方根 | <0.08 | 0.083 |
| *SRMR*<br>标准化残差均方根 | <0.08 | 0.089 |
| *TLI*(NNFI)<br>塔克-刘易斯指标(非规范拟合指标) | >0.90 | 0.846 |
| *CFI*<br>比较拟合指标 | >0.90 | 0.862 |
| *GFI*<br>拟合优度指标 | >0.90 | 0.827 |
| *AGFI*<br>调整后的拟合优度指标 | >0.90 | 0.806 |

由表 2-4 可知,路径系数结果如下:(*ATT*)($b=0.153, p=0.023$)、(*SN*)($b=0.372, p<0.001$)与(*SE*)($b=0.110, p=0.027$)显著影响(*PV*);(*PV*)($b=1.079, p<0.001$)显著影响(*SF*);(*SF*)($b=0.598, p<0.001$)显著影响(*IV*)。因此,研究结果支持本模型的研究问题(见图 2-2),(*ATT*)、(*SN*)与(*SE*)对解释(*PV*)的解释力为 54.7%,(*PV*)对解释(*SF*)的解释力为 50.2%,

① Hu, L.T., Bentler, P.M. "Cut off Criteria for Fit Indexes in Covariance Structure Analysis: Conventional Criteria Versus New Alternatives", *Structural Equation Modeling: A Multidisciplinary Journal*, 6(1)1999, pp.1-55.

(*SF*)对解释(*IV*)的解释力为43.4%。

**表2-4 食品安全信息公开法律制度实施效果各因素回归系数**

| 因变量 | 自变量 | 非标准化回归系数 | 标准误 | 非标准化回归系数/标准误 | $p$值 | 标准化回归系数 | 可解释方差量 |
|---|---|---|---|---|---|---|---|
| *PV* | *ATT* | 0.153 | 0.067 | 2.272 | 0.023 | 0.194 | 0.547 |
| | *SN* | 0.372 | 0.067 | 5.583 | 0.000 | 0.505 | |
| | *SE* | 0.110 | 0.050 | 2.214 | 0.027 | 0.173 | |
| *SF* | *PV* | 1.079 | 0.179 | 6.041 | 0.000 | 0.708 | 0.502 |
| *IV* | *SF* | 0.598 | 0.105 | 5.691 | 0.000 | 0.659 | 0.434 |

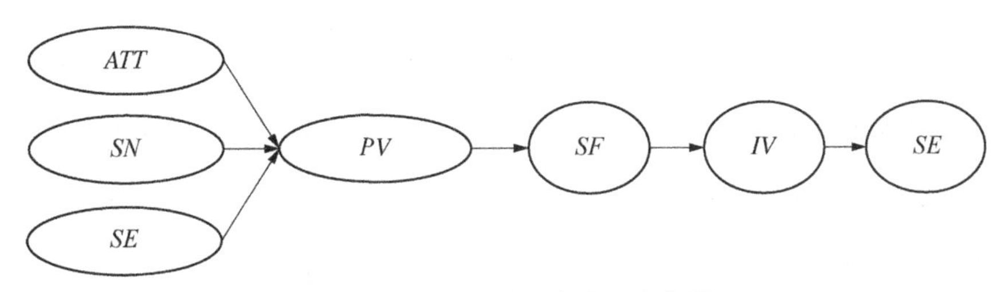


**图2-2 模型中的因变量和自变量**

## 三、模型拟合度修正

在进行SEM分析时,如果数据存在非多元常态的情形,模型估计的卡方差异统计量可能会膨胀。SEM的模型拟合度通常是基于卡方差异统计量计算而得,因此,卡方差异统计量的膨胀就会导致模型拟合度变差。在这种情况下,Satorra-Bentler校正法检定对SEM的数据非多元常态时,其分析结果是比较不偏的①。换言之,Satorra-Bentler校正法会修正卡方差异统计量,从而修正

① Satorra, A., Bentler, P.M. *Corrections to Test Statistics and Standard Errors in Covariance Structure Analysis*, Paper presented at the Proceedings of the American Statistical Association, 1994. Satorra, A., Bentler, P.M. *Scaling Corrections for Chi-square Statistics in Covariance Structure Analysis*, Paper presented at the Proceedings of the American Statistical Association, 1988.

模型拟合度，如表 2－5 所示。

**表 2－5　用 Satorra-Bentler 校正法修正后的模型拟合度**

| 拟合指标 | 可容许范围 | 研究模型拟合度 |
| --- | --- | --- |
| Satorra-Bentler $\chi^2$<br>卡方值 | 越小越好 | 711.729 |
| *DF*<br>自由度 | 越大越好 | 291.000 |
| Normed Chi-sqr($\chi^2/DF$)<br>卡方值/自由度 | $1<\chi^2/DF<3$ | 2.446 |
| *RMSEA*<br>近似误差均方根 | <0.08 | 0.056 |
| *SRMR*<br>标准化残差均方根 | <0.08 | 0.089 |
| *TLI*(NNFI)<br>塔克-刘易斯指标非规范拟合指标 | >0.90 | 0.877 |
| *CFI*<br>比较拟合指标 | >0.90 | 0.890 |
| *GFI*<br>拟合优度指标 | >0.90 | 0.898 |
| *AGFI*<br>调整后的拟合优度指标 | >0.90 | 0.886 |
| scaling correction factor<br>尺度修正因子 | >1.00 | 1.700 |

## 四、中介效果分析

若某变量(*Me*)同时作为自变量(*X*)与因变量(*Y*)，即(*X*)透过(*Me*)影响(*Y*)，此时(*Me*)在研究模型中就被称为中介变量。中介变量是比预测变量更接近结果变量的变量，并且它本身也是一个因果(内生)变量。中介效应是指自变量通过中介变量来影响因变量的效应。中介变量检验间接效果(indirect effect)的方式包含因果路径中介效果检验、间接效果系数乘积检验以及间接效果自助法检验。

### (一) 因果路径中介效果检验

中介效果最常用的检验方法为巴伦和肯尼(Baron & Kenny)[①]提出的因果步骤法(见图2-3)。根据该方法,如果模型中的 $a$ 和 $b$ 的路径具有统计显著性,而直接效果 $c'$ 又接近于0,则可以认为中介变量($Me$)在 $X$ 和 $Y$ 之间具有中介效果。因果路径法的主要局限性在于其统计检验力较低(Fritz & MacKinnon, 2007[②]; MacKinnon, Lockwood, Hoffman, West & Sheet, 2002[③]),且缺乏对间接效果的量化检验过程。

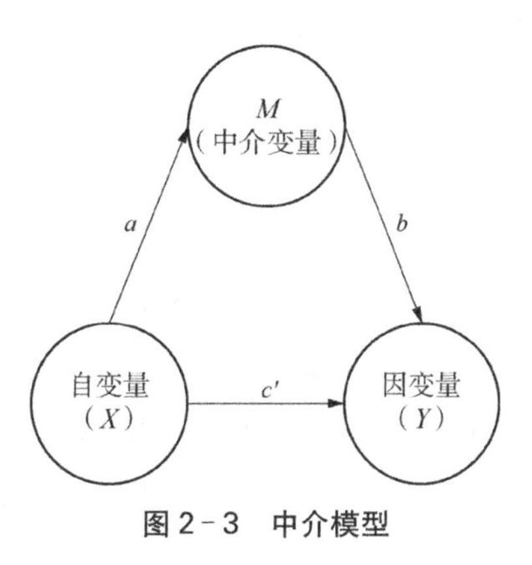


图2-3　中介模型

### (二) 间接效果系数乘积检验

路径 $a$、路径 $b$ 分别进行检验可能会降低结果的信度,因此可将路径 $a$ 和路径 $b$ 综合在一起进行检验,相当于检验 $a \times b$ 是否具有统计意义。这种方法称为系数乘积法,也就是 Sobel 检验[④]。Sobel 检验,是中介效应最常用的方法。它需要计算两条路径间的未标准化回归系数及其标准误。然后,通过将路径 $a$ 和路径 $b$ 的估计值除以其标准误得到 $z$ 值,并将其与标准正态分布临

---

① Baron, R. M., Kenny, D. A. "The Moderator-Mediator Variable Distinction in Social Psychological Research: Conceptual, Strategic, and Statistical Considerations", *Journal of Personality and Social Psychology*, 51, 1986, pp. 1173-1182.

② Fritz, M. S., MacKinnon, D. P. "Required Sample Size to Detect the Mediated Effect", *Psychological Science*, 18, 2007, pp. 233-239

③ MacKinnon, D. P., Lockwood, C. M., Hoffman, J. M., West, S. G., Sheets, V. "A Comparison of Methods to Test Mediation and Other Intervening Variable Effects", *Psychological Methods*, 7, 2002, pp. 83-104.

④ Sobel, M. E. "Aysmptotic Confidence Intervals for Indirect Effects in Structural Equation Models". In S. Leinhardt (Ed.), *Sociological Methodology*, San Francisco: Jossey-Boss, 1982, pp. 290-212.

Sobel, M. E. "Some New Results on Indirect Effects and Their Standard Errors in Covariance Structure Models", In N. Tuma (Ed.), *Sociological Methodology*, Washington, DC: American Sociological Association, 1986, pp. 159-186.

界值表中对应的临界 $z$ 值比较，如果临界 $z$ 值小于 $z$ 值，则表示中介效果存在，反之则否①。另外，中介效果还可以根据置信区间是否包括零来评价。归根究底，Sobel 检验的核心目的是检验“虚无假设：间接效果等于 0”。

相较于因果步骤法，Sobel 检验的优势在于它可以直接检验中介效果的存在，弥补了因果步骤法只能逐步检验中介效果的缺陷。然而，它并非可以完全取代因果步骤法。Sobel 检验法一般需要符合两个前提条件：一是样本为大样本，二是数据符合正态分布。因为只有正态分布下，$z$ 值与临界 $z$ 值的比较才有效。但遗憾的是，即使 $a$、$b$ 服从正态分布，$a \times b$ 也很难保证服从正态分布，间接效果抽样分布呈现出偏态及峰度非零的非对称分布②。因此，表示 95%的置信区间内，$z$ 大于 1.96 不一定就代表间接效果存在。

**（三）间接效果自助法检验**

在一些间接效果的相关研究中，自助法（bootstrapping）被指出在检验间接效果时比因果步骤法及系数乘积法更具统计检验力③。自助法的主要优点在于，它对间接效果的估计不需要像系数乘积法（如 B－K 法）那样依赖于间接效果符合常态的抽样分配。自助法通过对原始样本采用抽出放回的重复抽样统计方法，当产生一次的抽样样本，便自行估计一次 $a \times b$ 的乘积。哈耶斯（Hayes）建议，这个过程应至少重复 1 000 次，最好为 5 000 次④。通过这种方式，我们可以获得 1 000 次对间接效果（$a \times b$）的估计，这些估计值会形成一个样本分布，从而生

---

① Preacher, K.J., Hayes, A.F. “SPSS and SAS Procedures for Estimating Indirect Effects in Simple Mediation Models”, *Behavior Research Methods, Instruments, and Computers*, 36, (2004). 717－731.

② Bollen, K.A., Stine, R. “Direct and Indirect Effects: Classical and Bootstrap Estimates of Variability”, *Sociological Methodology*, 20, 1990, pp. 115－140.
Stone, C.A., Sobel, M.E. “The Robustness of Total Indirect Effects in Covariance Structure Models Estimated with Maximum Likelihood”, *Psychometrika*, 55, 1990, pp. 337－352.

③ MacKinnon, D.P., Lockwood, C.M., Williams, J. “Confidence limits for the Indirect Effect: Distribution of the Product and Resampling Methods”, *Multivariate Behavioral Research*, 39, 2004, pp. 99－128.
Williams, J., MacKinnon, D.P. “Resampling and Distribution of the Product Methods for Testing Indirect Effects in Complex Models”, *Structural Equation Modeling*, 15, 2008, pp. 23－51.

④ Hayes, A.F. “Beyond Baron and Kenny: Statistical Mediation Analysis in the New Millennium”, *Communication Monographs*, 76(4) 2009, pp. 408－420.

成间接效果的标准误差及置信区间。自助法还可以产生具有统计检验力间接效果的置信区间，特别是偏误修正自助法(Bias corrected bootstrapping)①。

因此，从表 2-6 的中介模型间接效果分析表中，我们可以得到：

**表 2-6　中介模型间接效果分析**

| 效果 | 点估计 | 系数乘积 | | | 自助法 1 000 次<br>误差修正 95%<br>置信区间 | |
|---|---|---|---|---|---|---|
| | | S. E. 标准误 | *Z* 值 | *p* 值 | 下界 | 上界 |
| 总效果 | | | | | | |
| *ATT*→*SF* | 0.165 | 0.071 | 2.333 | 0.020 | 0.042 | 0.321 |
| 总间接效果 | | | | | | |
| *ATT*→*SF* | 0.165 | 0.071 | 2.333 | 0.020 | 0.042 | 0.321 |
| 特定间接效果 | | | | | | |
| *ATT*→*PV*→*SF* | 0.165 | 0.071 | 2.333 | 0.020 | 0.042 | 0.321 |
| 直接效果 | | | | | | |
| *ATT*→*SF* | | | | | | |
| 总效果 | | | | | | |
| *ATT*→*IV* | 0.099 | 0.050 | 1.984 | 0.047 | 0.026 | 0.215 |
| 总间接效果 | | | | | | |
| *ATT*→*IV* | 0.099 | 0.050 | 1.984 | 0.047 | 0.026 | 0.215 |
| 特定间接效果 | | | | | | |
| *ATT*→*PV*→*SF*→*IV* | 0.099 | 0.050 | 1.984 | 0.047 | 0.026 | 0.215 |

① Briggs, N. *Estimation of the Standard Error and Confidence Interval of the Indirect Effect in Multiple Mediator Models*, The Ohio State University, Columbus, 2006.
Williams, J., MacKinnon, D. P. "Resampling and Distribution of the Product Methods for Testing Indirect Effects in Complex Models", *Structural Equation Modeling*, 15, 2008, pp. 23-51.

（续表）

| 效果 | 点估计 | 系数乘积 | | | 自助法 1 000 次 | |
|---|---|---|---|---|---|---|
| | | | | | 误差修正 95% 置信区间 | |
| | | S. E. 标准误 | *Z* 值 | *p* 值 | 下界 | 上界 |
| 直接效果 | | | | | | |
| *ATT*→*IV* | | | | | | |
| 总效果 | | | | | | |
| *SN*→*SF* | 0.401 | 0.081 | 4.972 | 0.000 | 0.248 | 0.561 |
| 总间接效果 | | | | | | |
| *SN*→*SF* | 0.401 | 0.081 | 4.972 | 0.000 | 0.248 | 0.561 |
| 特定间接效果 | | | | | | |
| *SN*→*PV*→*SF* | 0.401 | 0.081 | 4.972 | 0.000 | 0.248 | 0.561 |
| 直接效果 | | | | | | |
| *SN*→*SF* | | | | | | |
| 总效果 | | | | | | |
| *SN*→*IV* | 0.240 | 0.073 | 3.309 | 0.001 | 0.128 | 0.423 |
| 总间接效果 | | | | | | |
| *SN*→*IV* | 0.240 | 0.073 | 3.309 | 0.001 | 0.128 | 0.423 |
| 特定间接效果 | | | | | | |
| *SN*→*PV*→*SF*→*IV* | 0.240 | 0.073 | 3.309 | 0.001 | 0.128 | 0.423 |
| 直接效果 | | | | | | |
| *SN*→*IV* | | | | | | |
| 总效果 | | | | | | |
| *SE*→*SF* | 0.119 | 0.054 | 2.222 | 0.026 | 0.016 | 0.236 |
| 总间接效果 | | | | | | |
| *SE*→*SF* | 0.119 | 0.054 | 2.222 | 0.026 | 0.016 | 0.236 |
| 特定间接效果 | | | | | | |
| *SE*→*PV*→*SF* | 0.119 | 0.054 | 2.222 | 0.026 | 0.016 | 0.236 |

(续表)

| 效果 | 点估计 | 系数乘积 | | | 自助法 1 000 次<br>误差修正 95% 置信区间 | |
|---|---|---|---|---|---|---|
| | | S. E. 标准误 | Z 值 | $p$ 值 | 下界 | 上界 |
| 直接效果 | | | | | | |
| *SE*→*SF* | | | | | | |
| 总效果 | | | | | | |
| *SE*→*IV* | 0.071 | 0.036 | 1.954 | 0.051 | 0.013 | 0.157 |
| 总间接效果 | | | | | | |
| *SE*→*IV* | 0.071 | 0.036 | 1.954 | 0.051 | 0.013 | 0.157 |
| 特定间接效果 | | | | | | |
| *SE*→*PV*→*SF*→*IV* | 0.071 | 0.036 | 1.954 | 0.051 | 0.013 | 0.157 |
| 直接效果 | | | | | | |
| *SE*→*IV* | | | | | | |
| 总效果 | | | | | | |
| *PV*→*IV* | 0.645 | 0.178 | 3.617 | 0.000 | 0.349 | 1.022 |
| 总间接效果 | | | | | | |
| *PV*→*IV* | 0.645 | 0.178 | 3.617 | 0.000 | 0.349 | 1.022 |
| 特定间接效果 | | | | | | |
| *PV*→*SF*→*IV* | 0.645 | 0.178 | 3.617 | 0.000 | 0.349 | 1.022 |
| 直接效果 | | | | | | |
| *PV*→*IV* | | | | | | |

(1) 在 *ATT*→*SF* 的总效果中,其 $p<0.05$,且此置信区间并未包含 0[0.042 至 0.321],表示总效果成立。在特定的间接效果上 *ATT*→*PV*→*SF*,$p<0.05$,置信区间未包含 0[0.042 至 0.321],表示间接效果成立。

(2) 在 *ATT*→*IV* 的总效果中,其 $p<0.05$,且此置信区间并未包含 0[0.026 至 0.215],表示总效果成立。在特定的间接效果上 *ATT*→*PV*→*SF*→

$IV$，$p<0.05$，置信区间未包含0[0.026至0.215]，表示间接效果成立。

(3) 在$SN \rightarrow SF$的总效果中，其$p<0.05$，且此置信区间并未包含0[0.248至0.561]，表示总效果成立。在特定的间接效果上$SN \rightarrow PV \rightarrow SF$，$p<0.05$，置信区间未包含0[0.248至0.561]，表示间接效果成立。

(4) 在$SN \rightarrow IV$的总效果中，其$p<0.05$，且此置信区间并未包含0[0.128至0.423]，表示总效果成立。在特定的间接效果上$SN \rightarrow PV \rightarrow SF \rightarrow IV$，$p<0.05$，置信区间未包含0[0.128至0.423]，表示间接效果成立。

(5) 在$SE \rightarrow SF$的总效果中，其$p<0.05$，且此置信区间并未包含0[0.016至0.236]，表示总效果成立。在特定的间接效果上$SE \rightarrow PV \rightarrow SF$，$p<0.05$，置信区间未包含0[0.016至0.236]，表示间接效果成立。

(6) 在$SE \rightarrow IV$的总效果中，置信区间并未包含0[0.013至0.157]，表示总效果成立。在特定的间接效果上$SE \rightarrow PV \rightarrow SF \rightarrow IV$置信区间未包含0[0.013至0.157]，表示间接效果成立。

(7) 在$PV \rightarrow IV$的总效果中，其$p<0.05$，且此置信区间并未包含0[0.349至1.022]，表示总效果成立。在特定的间接效果上$PV \rightarrow SF \rightarrow IV$，$p<0.05$，置信区间未包含0[0.349至1.022]，表示间接效果成立。

## 第三节 实证研究结论

我们通过建立基于计划行为理论(TPB)的结构方程模型(SEM)进行实证分析，研究了浙江杭州区域范围内社会公众对食品安全信息公开法律制度实施的评价情况，及其相关影响因素。研究得出以下结论。

### 一、食品安全信息公开的社会风险反馈正向影响法律实施效果

前述实证研究的结果显示，在各可知路径系数结果中(见表2-4)，行为态度($ATT$)($b=0.153$，$p=0.023$)、主观规范($SN$)($b=0.372$，$p<0.001$)与自我效能($SE$)($b=0.110$，$p=0.027$)显著影响感知价值($PV$)，感知价值($PV$)($b=1.079$，$p<0.001$)显著影响食品消费安全感($SF$)，食品安全消费安全感($SF$)($b=0.598$，$p<0.001$)显著影响消费者持续使用意愿($IV$)。其中，行为

态度(*ATT*)、主观规范(*SN*)与自我效能(*SE*)对解释感知价值(*PV*)的解释力是54.7%,感知价值(*PV*)对解释食品消费安全感(*SF*)的解释力为50.2%,而食品消费安全感(*SF*)对持续使用意愿(*IV*)的解释力为43.4%。

由各可知路径系数结果得出,行为态度(*ATT*)、主观规范(*SN*)与自我效能(*SE*)显著影响感知价值(*PV*),感知价值(*PV*)显著影响食品消费安全感(*SF*),食品安全消费安全感(*SF*)显著影响消费者持续使用意愿(*IV*)。据此,研究结果支持本模型的研究假设:公众对政府公开的食品安全信息内容的评价,对感知政府食品安全信息的价值存在正向影响;政府公开食品安全信息程序的设置,对感知政府食品安全信息的价值存在正向影响;公众掌握食品安全信息公开渠道的能力对感知食品安全信息的价值存在正向影响;公众感知政府食品安全信息的价值,对其在食品消费中的安全感存在正向影响;公众在食品消费中对风险的确定感和可控感,对其持续使用政府食品安全信息渠道获取食品安全信息存在正向影响。

综上,社会公众在政府平台搜索到的食品安全信息的机会和质量,会显著影响其对政府食品安全平台的信任感,从而影响食品安全消费的安全感,进而影响其今后持续使用政府平台来获取食品安全信息的意愿。也就是说,社会公众对于食品安全信息公开的风险反馈结果,会正向影响食品安全信息公开法律制度的实施效果。因此,设计食品安全信息公开法律制度实施的风险反馈体制具有其必要性。

## 二、现行食品安全信息公开法律实施效果公信力有待提高

根据《食品安全法》和《食品药品安全监管信息公开管理办法》的规定,当前政府主管部门采用的食品安全信息公开官方渠道,主要包括市场监管局网站、各级市场监管局微信公众号、其他政府相关部门门户网站以及主流媒体等。然而,本次调查显示,从社会公众对目前所有食品安全信息公开渠道的选择比例来看,政府主管部门的官方渠道所占比例并不理想。其中,选择政府各门户网站和微信公众号的公众占51%,选择杭州日报、都市快报等主流媒体的公众占41%。相比之下,非官方渠道的认可度反而较高,63%的社会公众会选择百度、新浪等网络媒体,60%的社会公众会选择微博、微信等自媒体。在现今政府主管部门努力推动食品安全信息公开的情况下,社会公众对法定信息公开渠道的

认可度却没有达到预期，这种情况凸显了完善评估机制的迫切需要，以分析食品安全信息公开法律实施影响效果的原因。

在法治评估中，以实证主义为基础的量化研究方法，通过统计分析得出的数据来验证事物和社会现象之间的因果关系，借助数理逻辑解释事物的客观规律，以其过程的直观、准确和科学来保证价值中立。然而，法治建设并不是一个静态、稳定和独立的事物，而是一个动态的实践过程，是具象的社会生活方式，与人的行为、意识和情感密切相关。因此，仅仅依赖定量分析不能全面评估食品安全信息公开法治建设的全貌，还需要采用定性分析的方法。当前需要的食品安全信息公开法律实施的风险反馈机制，应该超越实证主义，基于建构主义[①]来进行评估。这种机制应更多地体现利益相关者在体系互动中的真实反应，以人文主义和特殊主义为原则，通过社会特定历史现象的路径归纳和价值理解，来诠释影响食品安全信息公开风险治理的深层次原因。

我国当前的食品安全法治建设评估指标，大多集中在对基础立法完成情况和政府主管部门工作任务完成情况的考核。这种评估方式往往是对官方文件内容的照搬或者演绎，试图通过教条主义的方法实现食品安全法治建设的理想模型，甚至根据人为设定的目标设计完成时间表，来硬性分派工作任务。这种评估指标的设定方式，更多地考虑了法治建设的投入，而忽略了法治建设的实际效果；或者用千篇一律的社会公众满意度测评，来代替法治建设深层次问题的挖掘和思考。这种评估方法存在明显的问题。首先，它忽视了法治建设在不同区域和不同层级所面临的真正问题，更不用说有针对性地提出解决方案。这就直接导致了食品安全信息公开法律实施逐渐脱离了法治建设的实际。其次，这种方法缺乏对社会公众——即食品安全信息公开的最终受体的认知和了解，导致食品安全信息公开的公众接受程度较低、法定渠道的公信力下降。

### 三、食品安全信息公开的法定程序及内容为公众关注的“核心问题”

法治评估的直接目的不是绩效考核，而是发现问题，提出有针对性和可行性的解决方案。因此，当我们设计食品安全信息公开法律实施的风险评估时，

---

① 见本书第一章第三节“关键术语界定”中的“食品安全风险治理”部分。

应该从现实问题出发，从法治建设的具体实践样态和结果出发，避免指标内容的表征主义。政府部门的长期工作愿景和法治建设的远景描绘是趋于一致的，因此法治思维和法治方式有利于政府主管部门开展工作，帮助其解决在食品安全领域遇到的实际问题，提高风险治理能力。我们认为，将实证分析中遇到的“问题”作为食品安全信息公开法律制度实施评估机制的指标，是科学合理的。

调查结果显示，在影响公众感知政府食品安全信息价值的三个自变量中，主观规范的标准化回归系数最高(0.505)，其次是行为态度(0.194)，最后是自我效能(0.173)。由此，公众对目前食品安全信息公开关注的重点依次为程序设置、信息内容和公开渠道。因此，食品安全信息公开法律制度值得改善的方面，即社会公众关注的焦点，主要在于如何完善信息公开的法定程序和法定内容。其中，在信息公开法定程序方面，69%的公众认为应该增强信息权威性，59%的公众认为应完善信息提供者的法律责任，44%的公众认为应该公开信息论证过程；在信息公开法定内容方面，68%的社会公众认为需要加强食品专业知识普及，53%的公众认为应该重点关注食品安全突发事件。根据上述实证研究结果，食品安全信息公开法律制度实施风险评估中的“问题导向”，应该主要集中于如何提升信息公开法定程序的权威性和法定内容的科学性。

## 四、结论

社会公众对食品安全信息公开的风险反馈结果，会正向影响食品安全信息公开法律制度的实施效果。当食品安全信息公开法定渠道的效果低于预期时，建立科学的法律实施评估模式，以有效靶向影响食品安全信息公开法律实施效果的因素，是切实提升食品安全信息公开风险治理能力的一个关键点。从法治评估的本质属性来说，在我国食品安全信息公开法律制度实施的风险评估中，采取“问题导向”的风险反向评估模式，能够切实关注社会公众作为法治主体的需求和感受，避免形成“评估泡沫”，具有其合理性和现实意义。因此，从社会公众的实际需求来看，建立一个科学、合理的食品安全信息公开法律制度实施的风险反馈机制具有必要性。

# 第三章 食品安全信息公开风险治理之国际比较

食品安全风险治理是中国当前的热点问题，也是一个全球性的话题。食品安全是全人类共同追求的目标。其意义不仅在于保障国内食品消费者的健康安全，同时也涉及国际贸易中的食品自由流通和全球消费者权益保护。基于此，各国学者从法学、经济学、管理学、社会学等社会科学和自然科学角度进行了相关研究，呈现出浓厚的“跨学科”特征。其中，各国在行政法、经济法、民商法、刑法等传统部门法领域，也从各自的角度开展了食品安全信息公开相关法律的实践和研究。

## 第一节　风险治理中的食品安全信息内容

### 一、美国的规定

美国建有较为完善的食品法律法规体系，覆盖了种植、养殖、加工、包装、运输、销售和消费等各个环节，该体系中的法律和规章是强制性的，而一些标准和规范则是推荐性的。

#### （一）食品安全信息相关法律制度的演进

作为一个联邦制国家，美国关于食品安全信息公开的法律最初来自各州的规定，这些规定因不统一而显得杂乱无章、标准不一，这一阶段也被称为美国食品行业的"自由竞争阶段"①。此时,联邦政府主要负责食品进出口的管理,19世纪80年代后出现了防止某一食品掺杂掺假的联邦食品法律,例如1897年的《茶叶进口法律》②。19世纪末期,美国食品行业的商业欺诈问题愈演愈烈,食品造假问题登峰造极,导致许多重大食品安全事件的发生。随着《屠场》《寂静的春天》和《快餐帝国》的出版,食品行业的黑幕被揭开,公众的食品安全意识逐渐觉醒,推动了美国食品安全法律制度的改革,许多针对食品安全信息的联邦法律相继制定(见表3-1)。

**表3-1 美国联邦食品安全信息公开的相关法律规定**

| 年份 | 食品安全法律名称 | 信息公开方面主要法律规定 |
| --- | --- | --- |
| 1906 | 《纯净食品药品法案》 | 禁止食品错误标识 |
| 1906 | 《联邦肉类检验法》 | 禁止使用令人误解的标识 |
| 1938 | 《联邦食品、药品和化妆品法》 | 食品标识的标准 |
| 1966 | 《合理包装和标识法》 | 商品识别、食品经营者的信息披露 |
| 1972 | 《联邦杀虫剂、杀真菌剂和灭鼠剂法》(修订) | 农药残留信息公开 |
| 1990 | 《营养标识和教育法》 | 营养品强制标识 |
| 1997 | 《食品和药品现代化法案》 | 强化食品标识 |
| 2002 | 《生物反恐法》 | 食品工厂信息公开 |
| 2011 | 《食品安全现代化法案》 | 食品安全风险预防 |

为了打破各州不同食品安全法律规定无法有效保障消费者权益的壁垒,1906年6月30日,联邦政府颁布了《纯净食品药品法案》,标志着美国联邦开始全面监管食品安全。在《纯净食品药品法案》的推动下,美国联邦政府设立了食品安全管理机构——美国食品药品监督管理局(U. S. Food and Drug Administration, FDA)。尽管该法案不涉及某些动物源性食品,但由于大多数

① 河南省食品药品监督管理局组织编写《美国食品安全与监管》,中国医药科技出版社,2017年,第6页。

② 孙娟娟:《食品安全比较研究:从美、欧、中的食品安全规制道全球协调》,华东理工大学出版社,2017年,第30页。

食品都在其规定范围内，这一法律为后续美国食品安全法律的发展和变革奠定了基础。虽然，美国联邦1906年的《纯净食品药品法案》最终被1938年的《联邦食品、药品和化妆品法》(FD&CA)取代，但这并未动摇其在美国食品安全法律中的历史性突破地位。其中一个鲜明的标志便是确立了食品安全标识制度，为消费者提供了更明确的信息和保障。

1938年的《联邦食品、药品和化妆品法》在《纯净食品药品法案》的基础上，经过多次修订和现代化改良，法律效力一直持续至今，成为美国联邦食品安全立法的核心。此外，联邦政府还专门制定了针对食品安全信息公开的法律，例如1966年的《合理包装和标识法》、1972年修订的《联邦杀虫剂、杀真菌剂和灭鼠剂法》以及1990年的《营养标识和教育法》，以确保公众不被虚假信息误导，保障食品安全和身体健康。

进入21世纪，1938年制定的《联邦食品、药品和化妆品法》已然无法解决食品产业出现的新问题和新风险。尽管在时代变迁中一直进行法律的现代化修正，例如1997年的《食品和药品现代化法案》充分认识到现代技术、贸易、公共卫生等领域的复杂性，强化了食品安全标识的要求，如辐射信息的加入和营养含量声明的规范性；2002年的《生物反恐法》，要求严格食品工厂的注册和记录，并保持合适的信息披露。然而，食品安全事件依然频发，例如2006年的贺曼(Hallmark)牛肉屠宰前未检查事件和2011年的嘉吉(Cargill)火鸡沙门氏菌污染事件等。这些事件促成了定位于强化风险预防的2011年《食品安全现代化法案》的出台。

### (二) 美国联邦的强制性食品标识立法

美国联邦立法中对于食品安全信息内容的规定，重点在于食品安全标识的标准。该标准设立了明确的识别标准，通过明确食品的主要成分来形成食品的组成“清单”，即消费者对某一食品中所含昂贵成分和廉价成分的最高百分比的预期①。食品安全标识的统一规制，有利于确保食品的真实性，并保证食品构成成分和添加剂的安全。一些食品可能含有危害人体健康的天然毒素，例如蘑菇，所以美国食品药品监督管理局规范的食品添加物质并不是指食品自身含有的部分，而是指人为添加的成分或人为提高的成分比例。有毒有害物质因不符

① Markel, M. “Federal Food Standards”, *Food and Drug Law Journal*, 1, 1946, p. 34.

合食品安全标准，被禁止添加到食品中；同时，食品中具有价值的成分不允许被完全或部分遗漏或替代。这些关于添加剂的情况应如实反映在食品标识中，以确保消费者能够清晰地了解食品的成分组成。

1. 强制性营养标识

20 世纪 80 年代，随着社会公众对健康问题的关注度逐渐提升，营养食品的消费也随之增长。当消费者面对复杂多样的营养品信息无所适从时，美国政府开始加强对营养标识的监管。最早的专门针对营养标识信息的监管立法可以追溯到 1966 年的《合理包装和标识法》。该法规定，"凡是在美国生产销售的食品标签均应该以有利于消费者作出比较的方式载明食物信息"①。根据这一法案，食品的包装和标签必须能确保消费者获取真实的信息，并明确规定了标识的位置和格式、含量申明的内容及附加说明等要求。不过，此时是否提供营养信息取决于食品生产者。

到 1990 年《营养标识和教育法》实施后，所有包装食品都被强制性要求提供营养标识。② 该约束性法规规定，制造商必须在加工食品的包装上，按照标准格式准确标明营养成分的含量和食用量建议。热量、脂肪、钠、碳水化合物等主要成分属于必须标注的项目。此外，食品标签的措辞必须谨慎，不允许在没有普遍公认的科学依据支持的情况下，声称自己的产品能给消费者带来健康益处。

之后，《联邦食品、药品和化妆品法》对相关规定进行了整合，要求食品标识中必须提供分量、剂量、热量等相关的营养信息，否则将被视为错误标识的食品。此外，食品标识中的健康声明必须使用正确的说明方式和规范的专业术语，并且应以法律许可的方式予以公布③。同时，该法赋予各监管部门制定细

① 河南省食品药品监督管理局组织编写《美国食品安全与监管》，中国医药科技出版社，2017 年，第 31 页。

② Lewis, C., et al., "Nutrition Labeling of Foods: Comparisons between US Regulations and Codex Guidelines", *Food Control*, 7(6), 1996, p.285.

③《联邦食品、药品和化妆品法》中规定的标识不当行为包括：错误或者误解性的标识；使用其他食品的名称；仿制其他食品（除非在标签上标注其为仿制品）；不标明生产商、包装商以及销售商的名称和地址；不注明产品的通用名称及组成；冒用其他食品的识别标准；信息令人费解；食品的质量、容量与标识不符；声称具有特殊效果，但却无法提供法定证明；误导性的容器；强制性声明信息标识不明显；没有标识成分中的人造香料、色素或化学防腐剂；营养信息错误。

化规则的权力，允许其重点强调特定食品的具体营养信息的告知义务。

### 2. 原产地强制标识规则

对于是否通过食品标识的真实性来保护消费者的知情权，美国联邦立法在不同方面表现出截然不同的态度。

1）肉类产品的原产地标识立法

针对肉类等农产品，美国联邦政府制定了原产地强制标识规则（Rule on Mandatory Country of Origin Labeling）。原产地标识涵盖产地标记（indication of source）、原产地标记（mark of origin）、原产地命名（appellation of origin）和地理标识（geographical indication）四个方面。这些标识指向受保护的原产地，主要用来指示某项产品来源于特定地区，其质量特征完全或主要依赖于该地区的自然因素（如气候、土质、水源、物种等）或人为因素（如加工工艺、生产技术、传统配方等）所形成的地理环境。因此，原产地标识实质上是一种表明特定质量与所在地地理有密切关联的质量证书①。

美国农业部于 2009 年 3 月开始实施原产地强制标识规则，要求食品零售业对牛肉、猪肉、羊肉、鸡肉等肉类产品以及生鲜水果和蔬菜等农产品明确标注原产国信息。此前，出于经济性和技术性的考量，这些农产品原本是免除原产地标识义务的。当这类农产品的进口目的是加工而非零售时，食品采购企业有权选择不沿用原进口标识，而将其产地更改为美国。对此，加拿大和墨西哥认为，此类原产地强制标识可能对进口肉类造成歧视，于是向世界贸易组织提出了异议。世界贸易组织于 2012 年裁定后认为，美国上述原产地强制标识规则违反了世界贸易组织有关国民待遇的原则，让进口肉类产品在与本国产品竞争时处于不利地位。即便如此，美国在之后的法律修改中依然坚持此规则②。

2）转基因食品的标识立法

相比于肉类食品，美国联邦政府却在转基因食品的标识上采取了较为宽松的规制方式。一直以来，美国对转基因食品持开放态度，实行自愿标识制度。

---

① 李永明：《论原产地名称的法律保护》，《中国法学》1994 年第 3 期，第 65－66 页。

② 美国国内对于该原产地强制标识同样具有争议，消费者保护组织坚决支持该立法，认为其在零售终端环节能够保护消费者的知情权；但肉类行业则提出相反的意见，认为该立法不仅不能有效保障消费者对食品产地真实性的了解，还会损害国内肉类行业的发展。参见 Andrews, J. "WTO Rules against Country of Origin Labeling on Meat in U. S.", *Food Safety News*, Octorber 21, 2014。

即生产者和销售者可以根据消费者的偏好及市场趋势，自行决定是否对食品的转基因问题进行标识。根据美国食品安全法的规定，只需对食品的特征进行标识，食品的生产方法和过程并不需要标识。因此，美国食品药品监督管理局认为，检验食品安全性的关键要素在于食品本身而非生产方法。目前，并没有证据证明基因技术培育的食品与来自传统植物育种的食品在安全性上存在显著区别，因此也没有必要强制通过标识披露转基因食品这一信息。FDA 是转基因食品标识的主要管理机构，相关的主要法律包括 1938 年的《联邦食品、药品和化妆品法》、1992 年的《新植物品种食品的政策声明》以及 2001 年的《转基因食品自愿标识指导草案》[①]。

《新植物品种食品的政策声明》规定，当引进的新基因食品添加成分在结构和功能方面与现有食品成分存在显著差异时，例如出现了由于转基因技术引发的营养问题或过敏问题，美国食品药品监督管理局将通过个案方式进行规制，即对此类食品单独加贴标识，提供相关信息。《转基因食品自愿标识指导草案》详细列出了强制标识的具体情形：①如果某种转基因食品中含有某过敏原，且消费者无法从其食品名称上判断得出，则必须标识说明该过敏原的存在；②如果某种转基因食品所含成分的食用方法和食用结果存在争议，则必须标识该情况；③如果某种转基因食品与同类传统食品间存在较大的性质差异，无法通过一般名称来准确描述，则必须变更其产品名称；④如果某种转基因食品有着传统同类食品不具备的特殊营养物质，则必须加以标识[②]。

同时，美国食品药品监督管理局还强调，“不含转基因”这类标识可能具有误导性。具体原因包括：第一，这类标识可能暗示自身产品的优越性；第二，部分基因成分的申明，可能掩盖其他未申明的基因物质的成分信息；第三，某些标示“非转基因”的食品种类中，实际上并无同类转基因食品进入市场[③]。因此，如果企业自愿标识转基因信息，必须保证信息的真实性，避免误导消费者。尽管如此，随着消费者安全意识的提高，公众渴望获取更为全面的食品成分信息。

---

① 该法案是 FDA 在 2001 年提出的，详细规定了转基因食品的标识细则，但至今没有被列入联邦法规。

② 河南省食品药品监督管理局：《美国食品安全与监管》，中国医药科技出版社 2017 年版，第 243 页。

③ FDA, *Draft Guidance for Industry: Voluntary Labeling Indicating whether Foods Have or Have not been Developed Using Bioengineering*, FDA, 2001.

一些州(如佛蒙特州、康涅狄格州、缅因州等)已开始尝试立法,要求对转基因食品进行强制标识。

### (三) 联邦立法中的食品安全信息风险预防

随着化学工业的快速发展,越来越多的化学物质被用于食品中,以确保质量和提高感官舒适性。严格的"菜单式"食品识别标准因为缺乏灵活性,已不再适应食品行业的需要①。于是,美国食品药品监督管理局修订了《联邦食品、药品和化妆品法》,并设立了添加剂的官方认证项目,开始了针对化学物质的入市审批②。以食品着色剂为例,消费者常通过食品的色彩来判断其质量,因此生产者会利用这一点添加化学物质对食品进行着色。在最初的联邦立法中,着色剂一直是重点规制的对象。1960 年,联邦立法对食品着色剂进行了修订,明确食品药品监督管理局有权对这类化学物质进行入市前的许可,这标志着管理从之前的风险事后检查与补救方式转变为风险的事先预防③。

21 世纪之后,美国联邦立法中的食品安全信息公开法律法规的重点明确转向食品安全风险预防。2011 年 1 月 4 日,时任总统奥巴马签署了《食品安全现代化法案》。这是自 1938 年《联邦食品、药品和化妆品法》以来,美国食品安全法律制度的重大修订与补充。该法案扩大了美国食品药品监督管理局的管理权,强调提升政府在预防、发现和应对食品安全风险方面的能力,旨在通过强化国内和国外食品的风险监管来实现预防目标。该法案要求食品药品监督管理局在食品供应链的生产、加工等各环节采取食品安全风险预防措施,并监督食品企业制定书面的风险预防控制计划,建立完善的危害分析和基于风险的预防控制机制。

#### 1. HACCP 中的食品安全信息公开

《食品安全现代化法案》将世界各国普遍应用的危害分析与关键点控制(hazard analysis critical control point, HACCP)方法,以法律形式确立为强制性的食品安全风险预防控制机制,适用于食品安全的所有主体和环节。因此,

---

① Fortin, N., *Law, Science, Policy, and Practice*, John Wiley & Sons, Inc., 2009, p.153.

② Pelletier, D., "FDA's Regulation of Genetically Engineered Foods: Scientific, Legal and Political Dimensions", *Food Policy*, 31(6)2006, p.574.

③ 根据美国联邦立法,一般安全物质(Substances are Generally Recognized as Safe, GRAS)不属于食品添加剂,不需要进行入市前审批便可直接用于食品,例如盐、胡椒等。

HACCP是一种控制食品安全风险的预防体系，而非风险反应体系；其目的是将食品安全风险降低到最小或可接受的水平，而不是实现零风险。

HACCP被用于评估并确定食品生产和加工过程中可能存在的危害(hazard)[①]，并建立相应的控制措施(control measure)[②]以有效预防风险。HACCP体系包含7项主要工作内容：①进行危害分析(hazard analysis)，对食品的原材料、生产、加工、贮运、消费等各环节进行分析，识别各阶段可能发生的危害及其程度，并提出相应的控制措施；②确定关键控制点(critical control point, CCP)，在前述危害分析的基础上找出食品加工制造过程中可以控制的点、方法或程序；③建立关键控制限值(critical limit)，为每个CCP设定可操作性的参数[③]作为判断基准，确保每个CCP控制在安全范围内；④建立监控程序(monitor)，利用物理或化学方法对CCP进行连续监测，判断是否超出关键控制限值，并准确记录；⑤建立纠正措施(corrective action)，当某个具体的CCP失去控制时，及时进行纠正，使其恢复正常状态；⑥建立验证程序(verification)，验证HACCP是否按照计划正常运转，并审核HACCP计划是否需要修改；⑦建立记录保存和文件程序，对上述所有环节进行全面记录。

据此，《食品安全现代化法案》通过在食品安全领域对HACCP的强制要求，落实了全流程的食品安全信息公开。美国食品药品监督管理局认为，食品安全风险评估是对食品组成成分的科学分析，旨在评估某一食品对周围环境中的人类与动植物等可能产生的危害，这一过程应包含危害识别、"剂量—反应"评估、暴露评估和风险描述四个环节[④]。通过落实以危害分析和风险预防为基础的风险控制，要求全过程记录保留危害分析、危害记录、预防控制等相关信息并公布。

### 2. 食品溯源中的食品安全信息公开

在食品安全信息公开领域，《食品安全现代化法案》还加强了食品跟踪与溯源的相关规定，以促进食品消费者能够迅速、有效地识别和应对食源性疾病及

---

① 产生于食品中的、潜在的会危害人体健康的物理(例如玻璃碴)、化学(例如农药)或者生物(例如病毒)因素。

② 能够预防或者消除食品安全危害，或将其降低到可接受水平所采取的任何行动或活动。

③ 常见的参数有浓度、温度、时间等。

④ U.S. Environmental Protection Agency, *Proposed Guidelines for Carcinogen Risk Assessment*, 61 Fed. 1996, pp. 17960 - 17963.

风险。美国的食品追溯体系涉及生产、加工、包装、运输、销售等各个环节，各环节的溯源要求规则不同。食品生产环节要求符合良好农业规范(Good Agriculture Practices, GAP)管理体系的要求，确保在土壤消毒、种子处理、栽培施肥、收获等环节获取溯源所需的关键信息；加工和包装环节应在HACCP的要求下建立前溯源制度和后溯源制度①，实现食品的可溯源化；运输、批发和零售企业之间需要通过相互承接的产品信息记录，实现食品终端供应的可追溯性。

《食品安全现代化法案》第204节，对食品行业建立食品档案和追溯制度提出了具体详细的要求，具有很强的可操作性。该法案要求在美国食品药品监督管理局体系内部建立产品溯源系统，确保高风险食品能够通过各环节的记录进行快速、有效的追踪，以降低虚假食品标签可能带来的危害。食品溯源体现了一个国家在食品供应链上追踪食品流向的能力，有助于食品企业最大限度地降低食品安全风险，从而尽可能降低食品召回的发生概率。即便发生食品召回事件，溯源系统也能够帮助追踪食品的来源，迅速跟踪食品的分销情况，精准定位到消费者，并及时进行召回，从而有效避免食品安全风险的扩大。

### 3. 食品召回中的食品安全信息公开

美国是国际上最早建立缺陷产品召回(recall)制度的国家。经过几十年的发展，美国的产品召回制度从最初的汽车行业发展到多个领域，在食品行业也形成了较为完备的食品召回体系。食品召回制度是指当食品的生产者或销售者发现其生产或销售的食品存在可能危害消费者健康和安全的缺陷时，必须依法向监管部门报告，并及时通知消费者，同时从市场上收回相关食品并予以更换、赔偿等，以消除危害风险的制度。这一制度的宗旨在于提前发现食品安全隐患，通过召回有安全缺陷的食品以消除潜在风险，因此，它是美国食品安全风险预防的重要环节。

美国的食品召回制度不仅有完善的联邦和各州法律，还配备了详细的法规细则。其中，与食品召回相关的主要法律包括《联邦食品、药品和化妆品法》《联邦法规汇编》《联邦肉产品检验法案》和《联邦禽类及禽产品检验法案》等。

---

① 前溯源制度要求包装企业对食品包装信息进行记录；后溯源制度要求食品接受企业对产品信息进行记录，并利用条码标识技术将追溯信息与产品批次准确对应。

FDA 和食品安全检验局(the Food Safety and Inspection Service, FSIS)还制定了各自的工作指南和手册,以细化缺陷食品召回中的具体要求,例如,FDA 的《监管程序手册》和《调查员操作手册》,以及《FSIS 指南 8080.1 肉类和禽类产品的召回(第 6 次修订)》和《FSIS 指南 8091.1:FSIS 健康危害评估委员会工作程序》等①。

食品召回全过程要求完整的信息公开,相关食品安全信息需要及时、客观、全面地通过媒体向政府主管部门、各级经销商和消费者等进行公示。美国食品召回中的食品安全信息公示分为两种:①召回报告。任何食品召回,无论是主动召回、要求召回还是指令召回②,都要求 FDA 或 FSIS 在其官网上发布召回报告,目的在于告知联邦和州的政府管理部门(如公共卫生和食品检验等部门)、食品经销商有关食品召回的信息。召回报告的主要内容包括:产品名称、召回编号、召回日期和召回级别,产品规格、数量、流通范围、企业名称、企业地址和联系方式,以及召回的原因。召回报告在食品召回期间需要每周发布一次。②新闻公告。FDA 和 FSIS 的公众事务办公室会通过相关网站和新闻媒体向国会和社会公众通告有关食品召回信息。新闻公告主要针对Ⅰ、Ⅱ级的食品召回,但对于Ⅲ级召回,如果涉及特别严重的掺杂掺假或损害消费者权益的情况,也会发布新闻公告③。新闻公告的作用主要在于解释食品召回的原因、使用该食品后的潜在危害风险,提供问题食品的一般信息,并指导公众如何处理召回食品。因此,新闻公告的内容必须真实、准确,明确描述召回食品的识别特征或编号,并提供联系方式和相关图片。

同时,食品企业作为召回的主要法律责任主体,美国政府要求其在食品召回过程中,必须通过大众媒体向社会公众和各级经销商公布经过 FDA 或 FSIS

---

① 河南省食品药品监督管理局组织编写《美国食品安全与监管》,中国医药科技出版社,2017 年,第 223 页。

② 美国食品药品监督管理局将食品召回分为三种:①主动召回,企业自主发现食品存在不安全因素后主动决定的召回;②要求召回,FDA 有充分证据证明某种食品存在安全问题后,紧急要求企业召回正常存储的食品;③指令召回,一般情况下 FDA 无权直接命令企业召回食品,但婴儿配方食品等特殊食品一旦出现安全问题,FDA 有权发布强制性命令要求企业召回。

③ 美国根据食品安全风险的危害程度,将食品召回等级分为三个级别。Ⅰ级召回,能导致严重的健康问题或死亡的危险或缺陷,比如含有未申报的过敏原;Ⅱ级召回,会产生暂时的健康问题、或对人体健康产生轻微的不利影响,比如未明示小麦、大豆等少量过敏原;Ⅲ级召回,不会对人体健康产生任何危害,仅违反 FDA 标签相关法律法规,比如零售食品缺乏英语标签。

审核的召回信息。这些信息主要包括详细的食品召回公告和召回办法。

## 二、欧盟的规定

欧盟作为一个政府间的组织，具有“超越国家的性质”，其权限仅限于成员国授权的范围，主要法律权限包括法规(regulation)、指令(direction)和决定(decision)等①。根据条约的规定，欧盟对食品安全规制的最初权限在于确保粮食安全的共同农业政策和保障自由流通的食品共同市场，体现为一系列协调成员国食品规制的指令。20 世纪 80 年代之后，食品安全问题频发，尤其是疯牛病危机成为一个转折点，促使各国更加重视食品安全和公众健康。因此，1992 年修订的欧盟条约赋予了欧盟全面规制食品安全的权限，以保障各成员国公众健康和食品消费者的权益。

### (一) 食品安全信息公开法律制度的演进

在疯牛病危机之前，面对食品安全事故，欧盟的食品安全规制主要采取了消极被动的应对方式，要么是通过制定“头痛医头、脚痛医脚”的法令，要么是依靠欧洲法院的判例来处理具体问题②。根据 2007 年发布的《欧盟食品安全 50 年》报告，我们可以看到，欧盟的食品安全法律每隔十年左右都会经历一次重要变革③。20 世纪 50 年代，随着 1957 年《罗马条约》的实施，欧洲经济共同体成立，致力于解决战后恢复中的粮食短缺问题，通过共同农业政策来确保充足且安全的食品供应，并制定了如第 64/432/EEC 号等统一兽医检查指令。在 20 世纪 60 年代，由于食物中毒事件增多，欧盟自 1964 年起开始针对肉类、禽蛋类等各类食品制定了一系列食品卫生方面的指令。这些指令在 2004 年被更加协调、简化和全面的“卫生法规”所取代。进入 20 世纪 70 年代，随着大量化学物质被应用于食品行业，欧盟于 1976 年开始制定针对农药残留的统一标准，以应

---

① 各法律渊源的法律效力不同：法规具有普遍约束力，全面适用于全体成员国；指令要求成员国必须实现其所规定的目的，但形式和方式可以由成员国自行选择；决定只针对特定当事人具有约束力。参见 Consolidated Versions of the Treaty on European Union and the Treaty on the Functioning of the European Union, Official Journal C326, October 26, 2012, Article 267.

② Vos, E., “EU Food Safety Regulation in the Aftermath of the BSE Crisis”, *Journal of Consumer Policy*, 23, 2000, p. 227.

③ UN, *50 Years of Food Safety in the European Union*, Office for Official Publication of the European Communities, 2007.

对新的食品安全挑战。

基于成员国之间食品自由流通的需求，欧盟于1979年建立了食品和饲料快速预警系统(Rapid Alert System for Food and Feed, RASFF)，为成员国之间提供了一个有效的信息共享平台。RASFF系统由欧盟委员会、欧盟食品安全管理局以及欧盟各成员国组成，其主要功能定位于：针对欧盟成员国内部因食品不符合安全要求、标识不正确等原因引发的食品安全风险，并解决可能带来的社会问题，通过在各成员国之间及时通报食品安全信息，旨在实现消费者避开食品安全风险，从而提供一个安全保障系统[①]。当一个成员国面临无法控制的食品安全风险时，欧盟委员会可以启动RASFF系统，对食品安全事件进行风险评估，并及时向公众公布相关食品安全信息。该预警系统不但具备了食品安全信息公开和风险治理的功能，而且能提供给成员国具有健康风险食品的信息，从而初步保障了成员国之间在食品安全措施上的经验交流。

然而，面对快速发展的食品行业，这种消极被动的应对模式显然不是长久之计。1996年疯牛病危机的暴发，成为欧盟食品安全监管历史上一个惨痛教训，促使欧盟对食品安全监管体系彻底改革，重拾公众对食品行业和政府食品监管的信心。作为食品安全立法改革的第一步，1997年欧盟发布了《食品法律基本原则的绿皮书》，就高水平保障公众健康和安全、保证食品自由流通、开展科学的风险评估、提高食品出口份额、落实危害分析和关键控制点体系、确保立法一致性和可操作性等6个方面的目标，提请公众讨论。在绿皮书的基础上，1999年欧盟颁布了《食品安全白皮书》，强调了落实食品安全监管法律责任、完善食品溯源等具体制度，以及通过横向立法结合单行法重塑食品安全法律体系等目标。在这样的循序渐进过程中，2002年《通用食品法》[②]正式开始实施。

### (二)《通用食品法》中的食品安全信息公开

根据欧盟《通用食品法》的规定，“食品风险”是指对健康造成不利影响的可能性，以及此影响达到严重程度所带来的危险；“食品风险分析”由风险评估、风险管理和风险沟通等部分组成；其中“食品安全风险评估”包含危机识别、危险

---

① 李静：《中国食品安全“多元协同”治理模式研究》，北京大学出版社，2016年，第134页。

② Regulation (EC) No.178/2002.

特性、暴露评估和风险特征四个步骤①。自 2002 年《通用食品法》实施以来，欧盟针对食品安全信息公开方面的法律规定得以协调统一和具体细化，主要体现在食品信息标识立法和食品快速预警体系两个方面。

1. 强化食品信息标识立法

随着食品安全事故的频繁发生，消费者的自我保护意识也在不断增强，对食品产地、成分、生产方式等信息的关注度也急剧增加。为回应社会公众在食品安全信息公开方面的需求，欧盟加强了食品安全信息的立法力度，尤其针对食品信息标识。相关规定主要包含以下内容：①食品添加剂标识。2014 年 12 月实施的欧盟议会和欧盟理事会 2011 年 10 月 25 日第 1169/2011/EU 号《关于向消费者提供食品信息的法规》[Regulation（EU）NO. 1169/2011 on the provision of food information to consumers]，为通过食品标识保障公众的知情权和选择权提供了法律基础。该法规详细规定了有关食品添加剂在食品标识中的具体规则，以避免出现信息误导和损害消费者权益。②营养声明标识。目前，欧盟面临的食品安全问题主要来自于营养过剩所导致的肥胖问题，以及由此引发的慢性食源性疾病。因此，对食品营养成分标识的需求刻不容缓。除了欧盟议会和欧盟理事会 2011 年 10 月 25 日第 1169/2011/EU 号《关于向消费者提供食品信息的法规》之外，还有 2006 年的《关于食品成分营养和健康声明的法规》[Regulation（EC）NO. 1924/2006 on Nutrition and Health Claim Made on Food]来加强欧盟对于营养声明标识的管理。③转基因食品溯源信息。自《食品安全白皮书》明确要求强化“从农场到餐桌”全程监管机制以来，欧盟对食品溯源信息的要求不断完善，尤其是针对转基因食品。2001 年 7 月，欧洲议会通过了《关于对转基因生物及其制品实施跟踪和标识的议案》（COM2001－1821），建立了欧盟各成员国之间转基因食品的追溯系统。该系统要求食品生产、加工、运输和销售的全部环节必须详细记载转基因食品的详细信息，该记录档案要求保留 5 年。

欧盟对食品安全的包容性较强，它并不追求通过统一的标准来保持一致性，而是希望在官方的共同控制下为食品的多样性提供空间，尤其是在保持各

① 闫海、郭金良、姜昕：《食品法治：食品安全风险之治理变革》，法律出版社，2018 年，第 43－44 页。

成员国的传统食品和地方特色方面。但这并不意味着其放弃对食品质量重要指标的规制。比如,欧盟通过《第 1151/2012 号有关农产品和食品质量项目的法规》,统一了原产地命名、地理标志和保证传统特色这三项重要的质量标志。2013 年,欧盟爆发了近年来涉及范围最广的一次食品安全欺诈事件——"马肉风波"。2013 年 7 月,欧盟建立了反食品安全欺诈网络(The EU food fraud network),在加强各国反食品欺诈信息合作的同时,又进一步立法要求肉类产品及其成分必须强制性标识和披露原产地信息①。

### 2. 完善食品快速预警体系

欧盟自 1979 年建立食品和饲料快速预警系统以来,成员国之间食品安全信息的沟通和传递得到了有效保障。2011 年的大肠杆菌事件,促使该系统进一步加强了数据平台的建设、数据信息的汇总以及相关食品信息的溯源和通报工作。2014 年,系统又新增了针对消费者开放信息通报的信息端口——食品、饲料快速预警体系之消费者门户。该端口以成员国为分类标准,消费者可以在第一时间通过点击成员国图标来查找相关国家的食品安全信息,如食品召回信息。

所以,食品和饲料快速预警系统实质上既是一个为欧盟各成员国提供食品安全风险治理提供决策依据的数据库,又是一个促进成员国间食品安全信息交流的强大中介系统。当 RASFF 系统中的某一成员国发现食品安全问题时,该国的食品安全管理中心需要根据事件的严重程度,将食品安全信息通过 RASFF 系统上报给系统委员会,再由系统委员会将这些信息通过系统通报给所有成员国。因此,RASFF 系统的顺利实施依赖于各成员国之间的积极配合。例如,法国、丹麦、瑞典等成员国政府建立了"从农场到餐桌"的食品生产全过程整体化管理体系,并在本国的卫生部、农业部、食品管理局等各主管部门之间建立了较为完善的信息公开机制。这些措施为成员国之间的食品安全信息交流提供了科学性和可操作性支持。

RASFF 系统通报的食品安全信息,包括已经发生的食品安全信息和潜在的食品安全风险,不同类型的食品安全信息采取不同的通报方式。RASFF 根

① 孙娟娟:《食品安全比较研究:从美、欧、中的食品安全规制道全球协调》,华东理工大学出版社,2017 年,第 56 - 57 页。

据食品安全风险的危害等级，对食品安全信息进行了清晰的分类，共分为4类。①预警信息，系统会对有潜在食品安全隐患的相关产品进行针对性关注，一旦发现市场中正在销售的食品存在食品安全风险，系统会发出预警信息。②边境信息，针对已经发生的食品安全危害，且危害等级比较严重的食品，系统会发出边境信息。③信息通报，针对在欧盟口岸检测不合格、但尚未在成员国销售的食品，系统会发出信息通报警示其他成员国。该类食品安全问题因为不需要相关部门采取措施，所以主要用于食品安全信息的共享。④后续信息，当前述信息发生变化或更正时，系统会发出后续信息，以便食品安全各利益相关主体对该食品安全风险实现持续性关注。

RASFF系统的信息来源十分广泛，包括各成员国的边境例行检查、政府市场监管、食品企业质量检查、消费者投诉以及新闻媒体监督等。这些信息的内容几乎覆盖了包括食品生产、加工、销售等与食品有关的所有领域和环节。同时，系统要求食品安全信息每周更新发布一次，以较短的信息更新间歇来保证信息的时效性，保证RASFF系统各成员国之间的信息双向传递更为准确和有效。

## 三、国际组织和国际条约的规定

根据世界贸易组织在《实施卫生和动植物检疫措施协议》(*Agreement on the Application of Sanitary and Phytosanitary Measures*，简称SPS协议)附录中的定义，食品安全风险评估是对食品的组成成分、病菌和污染物、添加剂、病虫害等，进行化学性、生物性或物理性分析，以确定是否存在对人体健康的风险。同时，世界卫生组织(World Health Organization, WHO)和联合国粮食及农业组织(Food and Agriculture Organization of the United Nations, FAO)共同建立的食品法典委员会(Codex Alimentarius Commission, CAC)将食品风险评估定义为评估食品、饮料、饲料中的添加剂、毒素或病菌、污染物等，对人体或动物存在的副作用，主要包含食源性危害不良影响的评估①。

由此可见，除了在风险评估适用范围上SPS协议大于CAC的定义之外

① FAO Food and Nutrition Paper 87, *Food Safety Risk Analysis-a Guide for National Food Safety Authorities*, World Health Organization, Food and Agriculture Organization of the United Nations, 2006.

(即SPS协议的适用范围涉及所有人类、动植物和食品,而CAC仅适用于食品),其他关于食品安全风险评估的定义基本一致。其中,根据SPS协议和CAC的规定,食品安全信息内容主要包括以下四个方面:

(1) 食品安全的危害识别信息。这是食品安全风险评估中的首要信息,涉及化学性、生物性或物理性的检测报告,这一环节旨在明确是否存在食品危害。其中,物理性危害比较直观,一般通过表面观察即可发现,也可通过一般性措施加以控制;化学性危害的评估,各国都已有相关的大量研究和成熟的控制方法;相比之下,生物性危害则较为复杂且多变,风险评估在此方面面临较多难点①。

(2) 食品危害的特征描述信息。这部分信息涉及对食品危害的定性描述,通过对食品危害特性标准的详细描述,帮助公众知悉危害的大小,尤其是对食品危害阈值的了解。食品危害阈值是关于食品危害特征标准中的安全区间值的说明,该环节的关键在于说明食品危害中"剂量"对于"反应"的重要性。

(3) 食品危害的暴露评估信息。暴露评估是在确定食品危害后,评估每人每天摄入多少量可能会产生危害。因不同国家和地区的人,在身体素质、生活环境和社会因素等方面存在各种差异性,食品风险评估无法适用全球统一标准,各国和地区必须通过本地的暴露评估实验,研究和测定本区域内人体的相关危害摄入量。

(4) 食品危害的风险特征描述信息。这是对暴露评估信息和特征描述信息的对比分析,主要用于确定区域内人体暴露量是否处于安全阈值内。如果存在人体暴露量超过安全摄入界限,则必须提供有效的方法将其降至安全阈值内。

## 第二节 风险治理中的食品安全信息公开法律责任主体

### 一、美国的食品安全信息公开法律主体

美国的食品安全实行执法、立法、司法三权分立的管理体系。国会和各州

---

① USEPA, "Proposed Guidelines for Carcinogen Risk Assessment", *Federal Register*, (79) 2002, pp.17960-18011.

议会负责制定食品安全法律法规，政府部门负责执行这些法律法规，而司法部门则负责监督食品安全监管工作，并解决相关法律争议。其中，美国政府采取“以品种监管为主、分环节监管为辅”[①]的多部门协调监管模式。该模式在总统食品安全管理委员会的统一协调下，按食品种类划分监管责任，不同种类的食品由不同的部门进行监管，各部门分工明确。同时，该模式以联邦和各州的食品安全法律法规为基础，通过联邦和州政府授权的食品安全管理机构的相互合作，形成了一个相互独立又互为补充的一体化监管体系。

### （一）联邦政府食品安全信息公开法律责任主体的演进

在美国食品安全监管法律主体的发展历史上，1906 年颁布的《纯净食品药品法案》和《联邦肉类检验法》具有里程碑式的意义。它们不仅为美国后续的食品安全立法奠定了基础，更为联邦政府进行食品安全监管提供了基本法律依据。这两部法律是联邦政府制定食品安全法律制度的起点，标志着美国联邦政府正式开始主动承担食品安全监管的法律责任。方案通过之后，联邦食品安全的监管权最初分散在农业部、财政部和商务部三个部门，同时联邦政府授权农业部化学局具体执行。随着食品行业的不断发展，国会决定在化学局的基础上进行机构改革，设立了一个新的机构“食品药品杀虫剂管理局”（FDIA）。1931 年，在《纯净食品药品法案》修订的推动下，美国联邦政府创设了第一个专门负责食品安全监管的政府机构，FDIA 更名为美国食品药品监督管理局（FDA）。

1938 年，《联邦食品药品化妆品法》签署通过，赋予了 FDA 食品安全监管的实权，该法案开创了美国食品安全监管历史上的“从大乱到小治阶段”[②]。1940 年，FDA 从农业部转移到 1938 年成立的联邦安全局（FSA），1953 年转而加入卫生教育和福利部（HEW[③]），1968 年又成为健康教育和福利部下属的公共健康部的一部分。至此，FDA 的建立和调整，更有利于保护消费者的合法权益、维护食品市场环境的安全，美国联邦政府食品安全监管的法律责任主体更

---

① 河南省食品药品监督管理局组织编写《美国食品安全与监管》，中国医药科技出版社，2017 年，第 3 页。

② 河南省食品药品监督管理局组织编写《美国食品安全与监管》，中国医药科技出版社，2017 年，第 12 页。

③ 1980 年，教育部从 HEW 中分离出去成为一个独立的部门，HEW 改为美国卫生和福利部（HHS）。

为专业化。

目前，美国政府中涉及食品安全信息公开法律责任的机构主要包括以下5类[①]。①食品安全总统委员会。它是美国联邦最高的食品安全统一协调机构。②美国食品药品监督管理局(FDA)。它隶属于卫生和公众服务部(Department of Health and Human Services, HHS)，下设食品安全与应用营养中心、兽药中心、毒理研究中心等部门。③食品安全检验局(Food Safety and Inspection Service, FSIS)和动植物卫生检疫局(Animal and Plant Health Inspection Service, APHIS)。这两个机构隶属于美国农业部(United States Department of Agriculture, USDA)，下设风险分析与成本收益分析办公室、海外农业局、粮食检验包装与牲畜饲养场管理局、农业市场局、州际研究教育推广合作局、经济研究所、农业科学研究所等部门。④环境保护署(Environmental Protection Agency, EPA)。EPA下设研究开发办公室、预防农药及有毒物质办公室、水资源办公室等部门。⑤其他相关部门，包括国防部美军兽医局、食品安全及技术中心、食品安全与应用营养联合研究院、技术支持中心、风险评估联盟、商务部国家海洋局、食源性疾病协作联盟等机构。

### (二) 联邦政府主要的食品安全信息公开法律责任主体

#### 1. 食品安全总统委员会

在联邦政府中，有一个关于食品安全的最高统一协调机构——食品安全总统委员会。它成立于1998年，由时任总统比尔·克林顿签署成立，成员包括商务部部长、农业部部长、卫生和公众服务部部长、环境保护署署长、管理和预算办公室主任、白宫国内政策办公室助理[②]、白宫和技术办公室助理[③]、重塑政府国家伙伴委员会主任[④]。该委员会成立的目的在于，根据美国国家科学院(National Academy of Science)《确保安全食品从生产到消费》(*Ensuring Safe Food from Production to Consumption*)的政策报告，以及其他公共机构关于

---

① 河南省食品药品监督管理局组织编写《美国食品安全与监管》，中国医药科技出版社，2017年，第5页。

② The Assistant to the President for Domestic Policy.

③ The Assistant to the President for Science and Technology/Director of the Office of Science and Technology Policy.

④ The Director of the National Partnership for Reinventing Government.

改善食品安全风险治理体系的建议，在联邦职权范围内制定全面且系统的食品安全风险治理战略计划；同时推进实施全面的食品安全科学策略，协调联邦、州及食品企业等法律主体之间在食品安全领域的关系，并向总统和联邦政府提供食品安全的建议。

具体到食品安全信息公开方面，食品安全总统委员会发挥了以下三个作用：①制订食品安全信息公开风险治理的战略计划。该计划以公共健康保护和公共资源管理为目标，同时考虑短期和长期问题。计划中包含了可供评估的预期目标和可供改进的具体步骤，特别关注老人、儿童等特殊人群的食品安全风险。在制订计划时，委员会将充分咨询联邦政府机构、州地方政府、食品企业、消费者、行业协会、学术界等，进行充分的沟通和交流。②提供食品安全信息公开风险治理的总体预算。根据前述制订的战略计划，委员会将建议相关领域的机构投资于食品安全信息公开，制订协调一致的联邦政府年度食品安全信息公开风险治理总体预算，并递交给管理和预算办公室。该预算旨在确保联邦政府能够有效地进行食品安全信息公开，既维持相关投入、又避免重复浪费，并与总统提出的食品安全倡议保持一致。③建立食品安全信息公开风险治理研究机制。该委员会在与食品安全研究联合中心（Joint Institute for Food Safety Research）、国家科学和技术委员会（the National Science and Technology Council）等研究机构充分协商的基础上，建立了一个指导联邦政府食品安全信息公开、满足最高等级食品安全需求的工作机制。其中，食品安全研究联合中心必须定期向委员会报告工作进展，报告内容包括食品安全信息公开的研究活动、匹配总统食品安全倡议的食品安全信息公开计划以及有效协调各食品安全信息公开法律责任主体的研究等。

2. 美国食品药品监督管理局

美国食品药品监督管理局直属于美国卫生和公众服务部，是美国食品安全监管体制中最重要的政府执法部门。FDA 的起源可以追溯到 19 世纪后半叶成立的美国农业部化学物质局（Division of Chemistry）。该局的主要功能主要是对市场上的食品和药品的掺假行为、标签滥用行为进行调查研究，但当时并没有实质上的监管权限。根据当时化学物质局公布的一系列《食品与食品掺杂物》研究报告，联邦食品和药品的统一立法活动得到了大力推动。1906 年，《纯净食品药品法案》作为联邦首部食品安全法律通过，赋予了化学物质局检查食品和药品掺假及标签滥用的权责。然而，随着美国农业部成立了食品和药品检查委员会及科学专家顾问仲裁委员会，化学物质局的职权最终被法院取消。1927 年，化学物质局被重组，成立了美国农业部下属的全新机构“食品、药品和杀虫剂组织”，该机构后续更名为“食品药品监督管理局”。

自 1969 年起，食品药品监督管理局开始对食品、食品服务、食品卫生事故等食品安全项目进行管理。1988 年，《食品药品监督管理局法》(*Food and Drug Administration Act*)的公布，正式将其设立为美国卫生和公众服务部的下属机构。美国食品药品监督管理局的主要职责包含两个方面：一是监督管理，FDA 负责对美国生产或进口的食品、营养品、药品、疫苗、生物医药制剂、血液制剂、医学设备、放射性设备、兽药、化妆品等进行监督管理；二是公共卫生控制，根据《公共健康法案》(*The Public Health Service Act*)第 361 条的规定，FDA 负责对公共卫生条件、州际旅行及运输进行疾病检查和控制。据此，食品药品监督管理局的监管范围涵盖食品、食品添加剂、药品、医疗器械、化妆品、动物食品和药品、酒精含量低于 7%的葡萄酒饮料等。此外，FDA 还涉及产品使用过程中人类健康和安全项目测试、检验和发证。

在食品安全信息公开领域，食品药品监督管理局中的相关法律责任主体包括：

1) 食品安全和应用营养中心(CFSAN)

作为食品药品监督管理局职能最繁重的部门，CFSAN 负责肉类、家禽、蛋类(农业部职权范围)以外的食品安全。它致力于推动和实施各类食品安全计划，如危害分析和关键控制点(HACCP)计划，并致力于减少食源性疾病。在食品安全信息公开风险治理领域的职能主要包含：确保食品标识(如成分标注、营养健康申明等)的准确性，并进行消费者的食品安全教育。

2) 兽药中心(Center for Veterinary Medicine, CVM)

兽药中心主要负责动物食品及药品的监管信息收集，以确保相关食品符合食品安全要求。2007 年 12 月，食品药品监督管理局在全国动物识别系统(National Animal Identification System)中特别建立了一个用来跟踪食品系统中含有克隆动物的数据库，主要用以全程跟踪全美范围内从农场饲养到餐桌食用的家畜。CVM 在食品安全信息公开风险治理领域职责包括：①收集兽药产品和饲料添加剂生产商提供的相关数据，并接收来自 FDA 等行政机构和行业部门上报的有关兽药产品的信息;②参与对兽药、饲料、饲料添加剂的安全性与有效性的风险评估;③审核说明性材料的准确性和有效性,确保标签描述中有明确的使用说明、使用限制以及其他相关要求信息;④对上市的兽药类产品进行全程风险监管,并决定是否予以公开相关风险数据;⑤负责消费者和行业的宣传教育工作,维持和制订已上市兽药类产品的详细目录清单,以确保消费者获得充分的信息。

3) FDA 认证机构

作为美国最早的食品消费者保护机构,美国食品药品监督管理局不但负责各类食品的安全检验、相关安全信息的搜集和发布,还开拓了 FDA 认证。自 1990 年起,食品药品监督管理局和国际标准化组织(the International Organization for Standardization, ISO)等国际组织合作,推动食品领域的安全认证。FDA 的认证标准极为严格,被世界卫生组织认定为最高食品安全标准,并且是世界贸易组织(WTO)核定的食品最高通行认证,也是唯一必须经过美国 FDA 和世界贸易组织两者全面审核后才可以发放的食品安全认证证书[①]。根据 2002 年美国国会通过的《公共卫生安全和生物恐怖防范应对法》,境外食品[②]在向美国出口前必须在 FDA 注册,取得 FDA 认证,并向 FDA 进行出口货运信息通报。

4) 食品安全和应用营养中心(The Center for Food Safety and Applied Nutrition, CFSAN)

食品安全和应用营养中心是 FDA 负责食品和化妆品补充剂研究的分支机构。该中心拥有包括微生物学、毒物学、食品科技学、病理学、药理学、营养学、传染病学、公共卫生学等多专业的科学家,员工人数超过 800 名[③]。具体检测

---

① 食品申报 FDA 认证,必须经过人体使用后 143 个关键测试点位、2 万~3 万人持续 3~7 年的监测,完全合格才能通过。参见河南省食品药品监督管理局组织编写《美国食品安全与监管》,中国医药科技出版社,2017 年,第 108 页。

② 按照《美国第 107—188 公共法》,必须向 FDA 注册登记的进口食品类型范围非常广泛,包含:酒和含酒类饮料,婴幼儿食品,面包糕点,饮料,糖果,麦片和即食麦片,巧克力和可可类食品,咖啡和茶叶产品,食品用色素,减肥用途食品及替代食品,营养补充食品,调味品,鱼类和海产品,食品添加剂,水果和水果产品,通心粉和面条,肉类和家禽制品,奶类制品,蛋类制品,蔬菜和蔬菜制品,食用油类,面粉加工食品等。参见河南省食品药品监督管理局组织编写《美国食品安全与监管》,中国医药科技出版社,2017 年,第 109 页。

③ 河南省食品药品监督管理局:《美国食品安全与监管》,中国医药科技出版社,2017 年,第 150 页。

对象包括生物病原体（如细菌、病毒、寄生虫）、自然毒素（如麻痹性甲壳类毒素）、杀虫剂残留物、食品过敏原（如花生、小麦、蛋、牛奶）、有毒金属成分（如铅、汞）、营养品问题（如维他命 D 过量）、食品成分（如脂肪、胆固醇）等，旨在配合政府主管机构保护和促进公众健康。CFSAN 与许多研究机构合作开展前瞻性的食品安全研究项目，例如，与马里兰大学共同成立的食品安全应用营养联合研究所（JIFSAN），以及与伊利诺科技研究所共同成立的国家食品安全和科技中心（NCFST）等。这些合作项目为联邦政府的食品安全风险管理和重大食品安全问题处理提供了宝贵的研究资讯。

3. 农业部

成立于 1889 年的美国农业部，其前身是 1862 年建立的联邦政府农业司。美国农业部由各类国家股份公司（例如农产品信贷公司）、联邦政府机构和其他机构组成，对农业生产、农业生态、生活管理、农产品国际贸易实施一体化管理。其主要职能包括：负责管理各类农产品和畜牧产品的生产、销售和出口；监督农产品的贸易过程、市场环境和市场价格；稳定生产者和消费者的关系，采取扩大或限制农产品计划的措施；发展农业教育、环境保护等领域的工作。

农业部作为联邦政府重要的经济管理部门，其在食品安全信息公开风险治理领域的职能体现就是确保“从农田到餐桌”的安全，具体包含以下三个方面：第一，推行食品安全教育和营养知识培训。美国联邦政府充分意识到，社会公众的食品安全意识将直接决定一个国家的食品安全风险治理效果。因此，农业部的食品和营养局承担了食品安全教育和营养知识培训的职能，向消费者宣传科学和合理的营养学知识。同时，下属的农业推广局、农业研究局、州合作研究所等 7 个机构，还负责农业安全知识的研究、教育和推广。第二，农产品生产环节的食品安全信息收集。在农产品食品安全领域，农业部的销售和检验局担负多种重要职责。在食品安全信息公开方面，该局主要负责收集肉类、禽类和蛋类农产品的安全检验和检查信息；病原体和杀虫剂监控信息；农产品等级标准及核发证书信息；农产品运输和销售溯源信息；进出口动植物检疫信息等。第三，农产品食品安全数据的统计和分析。农业部下属的国家农业统计局负责及时、准确、客观地统计和分析与农产品食品安全有关的各方面信息，发布全国和各州的统计数据，并对未来情况进行风险预测。同时，经济研究局在汇集有关农产品食品安全的各种资料后，对农产品食品安全风险进行研究，分析风险现状、评估风险趋势。

在食品安全信息公开领域，农业部相关的法律责任主体包括：

1）食品安全检验局(Food Safety and Inspection Service, FSIS)

食品安全检验局依据《联邦肉类检验法》《禽类及禽产品检验法》和《蛋产品检验法》，监督管理全美的国产和进口肉禽蛋制品的安全卫生、正确标识和适当包装。食品安全信息公开方面的主要法律责任在于食品召回环节。当食品安全检验局在其管辖权范围内发现食品安全风险或标签标识错误时，由各领域专家组成的"召回委员会"将评估已知的相关食品安全风险信息，确定是否召回以及召回范围。如需召回，食品安全检验局需要履行以下职责：第一，在官方网站发布食品召回通知，同时将该通知发布于所涉及地区的媒体，确保所有涉及该产品利益的当事人均收到该信息；第二，监督产品制造者积极履行召回通知，建议其用各种通知形式快速有效地执行召回通知。若不需要召回，食品安全检验局也需要评估是否可能对公众健康带来风险，根据实际情况决定是否公开发布公共健康警报。

2）动植物卫生检验局

动植物卫生检验局专门负责动植物卫生检验检疫，主要职责在于防止动植物疫病的传入或传播。其下设 11 个部门中，涉及食品安全信息公开职责的有 3 个部门：①植物保护和检疫处：评估植物和植物产品的风险；制定并发布植物和植物产品许可证；建立植物检验证书签发和追踪系统。②兽医服务处：运作并管理位于艾奥瓦州、纽约州等地的国家兽医服务实验室；防治动物疾病风险；发布风险管理标准和方案。③生物技术管理服务处：负责转基因生物的系统测评；对风险数据进行登记并备案；发布转基因工程生物的入境许可证和通知，追踪转基因生物风险。

3）粮食检验、包装与牲畜饲养场管理局(Grain Inspection, Packers and Stockyards Administration, GIPSA)

粮食检验、包装与牲畜饲养场管理局的管理范围主要涵盖牲畜、家禽、肉类、谷物、油籽等相关农产品，旨在维护消费者权益和农业贸易的公平竞争。其中，涉及食品安全信息公开的职责主要有两项：①国会于 1976 年建立的粮情检测系统，即联邦粮食检验服务(Federal Grain Inspection Service, FGIS)，制订了官方粮食标准作为粮食贸易的质量依据，同时提供标准检测方法；②通过联邦、州和私人检查所等政府网络，提供相关等级和标准的应用，构建全美粮食贸易的检验和称重秩序。

4）农业市场局（Agricultural Marketing Service, AMS）

农业市场局管理的食品领域涉及乳制品、水果和蔬菜、种子、牲畜和禽肉类，为相关领域的商业项目提供测试、标准化、分级和市场信息服务。其涉及食品安全信息公开职责包括：①发展、实施和管理国家有机计划（National Organic Program, NOP）中的有机农产品标签标准；②收集和分析有关农产品农药残留的数据，包括管理农药记录程序和相关数据库，确保农药使用符合联邦法律的规定。

5）农业研究局（Agricultural Research Service, ARS）

农业研究局是美国农业部主要的内部研究机构，主要研究领域包括营养、食品质量和食品安全、畜牧业生产和保护、自然资源的可持续发展以及农作物的生产和保护。ARS 拥有 4 个区域研究中心：西部区域研究中心（加利福尼亚州奥尔巴尼）、南部区域研究中心（路易斯安那州新奥尔良）、国家农业利用研究中心（伊利诺伊州皮奥里亚）和东部地区研究中心（宾夕法尼亚州温德默）。此外，还设有 6 个研究人类健康食品和膳食成分作用的人类营养研究中心（分别位于阿肯色州、马里兰州、得克萨斯州、北达科他州、马萨诸塞州、加利福尼亚州），拥有 2 200 多名科学家[①]。ARS 基于食品安全信息公开风险评估的综合作用主要体现在四个方面：①为美国公众进行科学研究，研究开发并解决国家重点农业问题，并提供相应信息；②评估公众营养需求并提供相关信息，以确保提供高质量、安全的食品；③集中研究具有全国影响的区域性食品安全问题，为农业部执行和监管部门提供科研成果信息；④通过科技期刊、农业研究杂志、食品技术出版社和各类论坛传播研究成果，并在国家农业图书馆[②]中分享有关信息，为公众提供文献传递、馆际互借等信息服务。

6）经济研究局（Economic Research Service, ERS）

经济研究局既是美国农业部的下属部门，也是联邦统计系统的主要组成部

① 河南省食品药品监督管理局：《美国食品安全与监管》，中国医药科技出版社，2017 年，第 141 页。

② 美国国家农业图书馆分别位于马里兰州贝尔茨维尔的亚伯拉罕林肯大厦和华盛顿特区的 DC 文献中心。

分。它负责提供农业经济的信息,告知公众有关农业、食品、自然资源等方面的经济及政策问题。ERS 与国家农业统计服务局(National Agricultural Statistics Service, NASS)共同管理全国范围内的多阶段农业资源调查,是美国农业部农业经济领域的主要信息来源,由食品经济部、信息服务部、市场贸易经济部和农村资源经济部 4 个部门组成。

#### 4. 各类辅助性法律责任主体

1) 美国国家环境保护署

美国国家环境保护署(EPA)是联邦政府的一个独立行政机构,成立于 1970 年 12 月尼克松总统时期。EPA 的主要职责是保护自然环境和人类健康免受环境危害的影响,EPA 负责研究和制定各类环境计划的国家标准,执行国会颁布的环境法律法规,从事或赞助环境研究和保护项目。此外,EPA 致力于加强环境教育、提高公民的环保意识和责任感,在美国的环境科学研究、环境教育和环境评估领域发挥领导作用。它的机构遍布全美,包括位于华盛顿的总部、10 个区域分局和十余个实验室。EPA 的工作人员包括各领域的工程师、科学家和专家,他们共同致力于保护环境和公众健康。

在食品安全信息公开方面,环境保护署的职责主要体现为营造更清洁、更健康的环境:①通过提供基金,直接资助州政府、非营利机构和教育机构的高质量食品安全研究工作,以增强食品安全问题决策的科学基础;②提供给地方政府、小企业和个人各类研究资金和奖学金,支持食品安全教育项目,提升公众的食品安全意识、知识和技能水平;③主导识别新类型的食品安全问题,提高政府的风险评估和风险管理水平。

2) 消费者产品安全委员会(United States Consumer Product Safety Commission, CPSC)

消费者产品安全委员会成立于 1972 年,是一个直接向国会和总统汇报工作的独立政府机构,负责管理 15 000 多种不同消费品的制造和销售。其在食品安全信息方面履行的职责包括:①通过消费者热线、政府网站(saferproducts. gov)和国家电子伤害监测系统(National Electronic Injury Surveillance System, NEISS)等渠道,收集不安全食品及其伤害的相关信息;②明确食品的安全性要求,研究食品安全风险,并发布已上市危险食品的召回公告。

3) 食品安全与健康研究所(Institute for Food Safety and Health, IFSH)

食品安全与健康研究所是由美国食品药品监督管理局的食品安全和应用营养中心(Center for Food Safety and Applied Nutrition, CFSAN)、伊利诺伊理工学院(Illinois Institute of Technology, IIT)以及食品行业的研究团体共同组成的。该研究所由伊利诺伊理工学院建立,汇集了学术界、政府和行业的食品安全专家,旨在为加强和改进美国食品安全提供研究支持。

## 二、欧盟的食品安全信息公开法律主体

随着欧盟食品安全立法的逐步演变和《通用食品法》的出台,欧盟范围内的食品安全风险治理呈现集中化的趋势,食品安全的风险治理目标也已从内部市场建设转向公众健康保障。基于此,欧盟委员会提出了全新的食品安全风险治理模式:通过风险评估确立官方治理的优先事项,采用"从农场到餐桌"的全流程风险监管模式,并通过审计方式评估各国的食品安全风险治理情况。为了确保这一模式的有效实施,欧盟重组了与食品安全风险治理相关的机构,确立了"欧盟食品安全局"(European Food Safety Authority, EFSA)作为食品安全风险治理的主要法律责任主体,并建立了食品和兽医办公室(Food and Veterinary Office, FVO),以强化欧盟层面食品安全风险的官方控制。

欧盟的《官方控制法规》①指出,"官方控制"指主管机关为审查食品、动物卫生、动物福利相关法律法规的合规情况而实施的监管活动②。其中,食品行业、政府主管机关和欧盟委员会作为食品安全中不同的利益相关者,通过相互合作构成了欧盟食品安全中多层级的法律责任主体。然而,区别于美国食品安全监管中联邦与州之间的平行管理关系,欧盟食品安全风险治理的法律责任主体具有纵向层级性。欧盟食品安全风险治理的官方控制共包含两个层级:第一层级是各国政府食品安全主管机关的官方控制,主要内容是确保食品行业从业各方的行为符合食品安全法律法规的要求;第二层级是欧盟层面的官方控制,主要内容是对各国政府食品安全主管机关开展审计活动,以确保其切实履行欧盟食品安全的法规和指令。由此可见,欧盟范围内食品安全规则的具体执行者

---

① Regulation (EC) No.882/2002.

② Regulation (EC) No 882/2004 of the European Parliament and of the Council of 29 April 2004 on official controls performed to ensure the verification of compliance with feed and food law, animal health and animal welfare rules, Official Journal L 165/1,30.4.2004, Article 2(1).

是各成员国的相关主管部门，而欧盟设立的主管机关“食品和兽医办公室”的角色是审计者而非控制者，其作用是监督而非执行。

### （一）欧盟食品安全风险治理法律责任主体

#### 1. 欧盟食品安全局

欧盟食品安全局，是欧洲食品安全风险治理信息公开的核心法律责任主体。其主要职责包括对直接或间接影响食品和饲料的欧盟政策、法律法规，提供科学建议和科学技术支持。在食品安全风险治理的信息公开方面，欧盟食品安全局作为一个独立且透明的食品安全风险评估机构，提供关于营养健康、动植物健康和福利、转基因生物、食品新技术等领域的可靠信息。除特殊情况外，欧盟食品安全局会公布所有专家发表的科学意见，包括少数派的意见，旨在提供客观、全面、可靠且易于公众理解的食品安全信息。

从组织结构上来看，欧盟食品安全局共有三个职能部门：①行政职能，包括负责决策的管理委员会和负责日常工作的执行主任；②咨询职能，成立促进欧盟食品安全局和各成员国对应机构之间食品安全信息公开、交流和合作的咨询论坛；③科研职能，包括多个常设科学小组，负责在其职能范围内开展食品安全风险评估工作，以及一个科学委员会，负责总体协调并达成一致性的最终科学意见。由于欧盟食品安全局的独立法人资格，各职能部门工作人员不但可以就食品安全风险评估相关信息进行内部沟通和交流，还可以根据预设的法定程序向公众公开相关的风险评估结果信息。

基于欧盟风险评估与风险管理相分离的原则，欧盟食品安全局在食品安全信息公开方面的职能与欧盟委员会共同拥有，欧盟委员会的职能主要体现在食品安全风险信息公开的管理和协调方面。同时，各成员国为了开展食品安全风险评估，也在国内设置了类似于欧盟食品安全局的法律责任主体，例如法国的“国家食品、环境和工作安全局（ANSES）”。

#### 2. 欧盟委员会第二十四消费者保护总局

由于食品安全风险治理涉及共同农业政策、内部市场建设和公众健康保护等多个方面，欧盟委员会中的第三行业总局（简称第三总局）①、第六农业总局

① 欧盟委员会在日常管理中，为了落实欧盟政策、执行欧盟法律，在内部会设置相关部门分别负责不同的职责，一般称之为总局（Directorate-General，DG）。

(简称第六总局)和第二十四消费者保护总局(简称第二十四总局)都是具有法律责任的主管部门。第三总局和第六总局在以往的食品安全风险治理中职能较为强势,而第二十四总局则显得比较弱势,这导致在欧盟食品安全风险治理中曾一度将经济发展作为优先目标。疯牛病危机暴发后,各部门之间的责任推诿和联合行动缺乏,凸显了这一职能结构在食品安全保障方面的缺陷。

为了解决这一问题,欧盟决定将食品安全风险治理中涉及公众健康保护的权能整合到一个独立的法律责任主体内。于是,第二十四总局进行了重组,专门负责食品安全风险治理的消费者保护事务。此后,该总局更名为消费者政策和消费者健康保护总局(SANTE),其主要法律职责包括确保欧盟范围内销售的食品符合安全标准,保障欧盟内部食品市场运作能使消费者从中受益,并保护和增进公民健康。相较于第三总局和第六总局职能中偏重于经济利益的设定,第二十四总局的整合有利于通过设立专门机构实现食品安全风险治理,避免利益冲突。在这一过程中,原属于农业总司的欧盟兽药和植物卫生检疫控制办公室也被划入了第二十四总局,并更名为食品和兽医办公室(FVO)。

### 3. 食品和兽医办公室

随着《官方控制法规》的实施,欧盟食品安全风险治理的框架已经建立并健全。作为欧盟食品安全风险治理官方控制的主管机构,食品和兽医办公室主要通过审计、检查等活动履行其法律职责,涉及的领域包括:欧盟范围内以及向欧盟出口的第三国在食品安全和质量、动物健康和福利、植物健康相关法律方面的遵守情况;协助制定有效的食品安全和质量、动物健康和福利、植物健康的风险治理规则;公开告知各利益主体食品安全风险治理的审计和检查结果信息。

与各成员国自己的内部检查相比,食品和兽医办公室通过系统而独立的审计活动,查验成员国的食品安全风险官方控制是否符合欧盟食品安全法律法规和各国预先制订的控制计划,确保官方控制计划得到有效实施,并评估其实施效果。根据《官方控制法规》,欧盟每个成员国都需制订若干年的食品安全风险控制计划,具体内容包含控制框架、组织信息、战略性目标、优先性目标、资源分配和风险评估定性等。在执行过程中,控制计划应根据欧盟审计结果、新出现的风险和新出台的法律法规进行修订。

据此,食品和兽医办公室在食品安全信息公开领域的职责主要包括两个方面:①告知各成员国有关欧盟年度食品安全控制计划,向各成员国通报官方控制审计结果，提出并告知各成员国官方控制改善意见；②向欧盟议会和理事会陈述并向公众公开食品安全风险控制审计报告，信息公开内容包括成员国食品安全风险官方控制的结果、控制计划的修订情况、不履行案件的类型和数量等。

4. 食品供应链和动植物健康咨询小组

欧盟委员会作为食品安全的风险管理机构，对欧盟范围内食品安全风险治理官方控制过程中的信息公开承担主要责任。《通用食品法》第 9 条规定，食品安全风险治理应纳入更广泛的利益相关者。在这一背景下，为了协调欧盟食品安全局和欧盟委员会之间的食品安全信息公开，2004 年欧盟委员会成立了一个食品安全风险利益当事人咨询论坛——食品供应链和动植物健康咨询小组。该咨询论坛是欧盟层面用于协调食品安全政策和交流食品安全信息的公共咨询机构，主要就食品和饲料安全、食品和饲料标识的立法和说明等问题进行咨询①。

该咨询论坛的最大成员数为 45 人，由来自农业、食品行业、消费者等食品安全相关利益主体组成。根据欧盟委员会制订的代表选择准则②，论坛代表必须是能够最大限度地代表各成员国并在欧盟层面长期性存在的组织，其首要任务是保护食品安全风险治理中涉及的公共利益。包括欧盟消费者组织(BEUC)、欧洲饲料加工商联盟(FEFAC)、农业联盟(COPA-COGECA)在内的 36 个欧盟层面的组织，被选为该咨询论坛的成员，其中有三个席位专门分配给消费者组织。

欧盟委员会每年必须就食品安全问题召开两次咨询论坛，遇到突发事件时可以召开临时会议，并可针对食品标签、生物技术等特殊问题成立专门工作组。在论坛期间，欧盟委员会还可以邀请其他专家或观察员参与讨论和研究。此外，食品供应链和动植物健康咨询小组有权自行制订议事程序规则，欧盟委员会必须向社会公众公开咨询论坛的工作议程和会议记录等相关信息，以保证其高度透明性。

---

① Decision 2004/613/EC of 6 August 2004, Concerning the Creation of an Advisory Group on the Food Chain and Animal and Plant Health, Article 1 and Article 2.

② Vos, E. *EU Committees: the Evolution of Unforeseen Institutional Actors in European Product Regulation*; Joerges, C., Vos, E. *EU Committees: Social Tegulation, Law and Politics*, edited by Christian Joerges and Ellen Vos, Oxford, Hart Publishing, 1999, pp. 19－47.

### (二) 各成员国食品安全风险治理法律责任主体

在疯牛病危机之后,欧盟各成员国吸取了教训,整改了自身的控制体系,并强化了食品安全的保障措施。为了完善官方控制完善控制体系的重要环节,成员国设立了相应的主管机构。虽然《通用食品法》对欧盟范围内的食品安全风险治理作出了基本规定,但成员国依然有权确立各自的食品安全风险治理法律责任主体。由于政体和法律体系的差异,各成员国的选择各不相同,形成了多部门体系和单一体系两种模式。

#### 1. 法国的多部门法律责任主体

法国在食品安全风险治理中采用的是多部门体系,强调各法律责任主体的多方参与和共同行动。

(1) 法国食品总局(DGAL),由法国农业部授权,是负责食品安全和质量、动物健康和福利、植物保护和健康等方面的官方控制执行部门。该机构以合理性和透明性为原则,主要针对食品供应链体系中的各环节进行监测和控制,并开展多种形式的食品安全信息公开。其所建立的信息公开模式长期稳定、通俗易懂,并注重充分沟通,旨在营造食品安全风险治理的良性环境。

(2) 法国卫生总局(DGS),隶属于社会、卫生和妇女权利部中的预防环境与食品风险部门,主要负责特定具体风险或人群的食品信息公开。当食品安全风险危机发生时,DGS通过与专家学者的交流,为风险评估提供前期准备,并提供食品安全的建议信息。

(3) 法国竞争、消费和反欺诈总局(DGCCRF),隶属于经济、工业与技术部,主要负责食品流通和消费环境中的食品安全信息的公开。由于其具备监督《消费法》等法律法规实施的职权,能够介入食品安全风险治理全过程,因此其食品安全信息公开内容涵盖了关注风险、回应媒体、危机交流和媒体监督等四个方面。该机构不仅有权发出食品安全预警,还能接收来自各方的食品安全风险信息。

(4) 法国食品、环境和职业健康安全局(ANSES),该机构是一个具有双重属性的独立性风险分析科学研究机构,专门负责食品安全的风险评估,成立的目的在于确保风险评估和风险管理相分离。其组成成员来自各个利益团体,主要职责是向其他食品安全风险治理官方控制机构提出咨询建议,此外,《卫生法》还规定其作为独立主体，必须向社会公众发布食品安全信息。

(5) 其他独立咨询机构，如国家食品委员会(CNA)、国家卫生预防与教育研究院(INPES)，在法国食品安全风险治理中作为辅助型法律责任主体，通过网络、电子报刊、年度会议等多种信息公开形式，发挥着重要作用。这些机构主要负责提供食品安全信息和建议，保障食品安全信息的公开透明和公众沟通。

### 2. 德国的多部门法律责任主体

德国的食品安全风险治理体系完全体现了欧盟食品安全官方控制的理念，80%～90%的德国食品安全法律都可以追溯到欧盟的食品安全法律法规。在德国，食品安全风险治理中的信息公开法律责任主体由三部主要法律确定。《德国联邦信息自由法》规定了消费者可以查阅政府部门保存的相关文件记录；《消费者信息法》规定了消费者如何从监管机构获取食品安全信息；《食品及饲料法》规定政府主管机构必须主动提供食品安全信息。其中，2005 年的《食品及饲料法》是德国食品安全风险治理的基本法。

根据法律①规定，德国联邦负责食品安全风险治理官方控制的有两个部委：联邦食品及农业部(BMELV)统领负责德国食品安全相关立法，联邦环境部(BMUB)负责所有与环境因素相关的食品安全风险控制。根据《官方控制法规》的规定，德国食品安全风险治理的官方控制是由各地方政府具体实施的。各州政府在联邦消费者保护及食品安全办公室的统一协调下，配合全国约 430 个食品检验机构和 35 个检测实验室，完成德国食品安全风险治理工作。

同时，德国设置了两个专业机构辅助上述部委进行食品安全信息公开职能：①联邦消费者保护及食品安全办公室(BVL)：作为德国的食品安全风险管理执行机构，主要负责监管转基因和新型食品、杀虫剂和兽药的使用，协调联邦食品安全风险治理两个部委在各州的食品安全风险官方控制事务，并处理和协调欧盟食品及饲料快速预警系统中涉及德国的事宜；②联邦风险评估所(BFR)：作为独立的食品安全风险评估机构，德国法律赋予其在风险评估时不受政治等因素影响的权利，该机构拥有约 300 名科学家和 14 个国家基准实验室，负责食品安全风险治理中信息公开的具体实施和相关研究。

---

① Federal Ministry of Food and Agriculture, *Strategies for food safety*, Berlin, 2013, pp. 17 - 27. 参见孙颖：《食品安全风险交流的法律制度研究》，中国法制出版社，2017 年，第 136 - 137 页。

德国食品安全风险治理的信息公开制度，将食品安全突发性事件（食品安全危机）的信息公开从一般性制度中区分开来，单列出了食品安全危机信息公开的法律责任主体。从食品安全信息公开法律制度设定的目标来看，一般性制度注重长期长线的效果，而食品安全危机信息公开更在意时效性和策略性，强调短期应对效果。从法律责任主体设置上来看，联邦食品及农业部、联邦消费者保护及食品安全办公室，是德国食品安全危机信息公开的主要法律责任主体。而联邦风险评估所在食品安全危机信息公开中则处于从属性①的法律责任主体地位，仅负责为上述机构提供食品安全风险评估专家意见。

### 3. 意大利的多部门法律责任主体

根据意大利《宪法》第 32 条和第 117 条的规定，食品安全和公众健康保护的相关立法权归属于国家，而大区拥有制定相关具体规范的权力。按照意大利和欧盟的食品安全法律规定，意大利中央政府和地方政府的不少行政部门和机构共同参与了食品安全风险治理，但并没有专门负责食品安全信息公开的法律责任主体。

为了落实欧盟相关法律法规，意大利部长委员会设置了国家、大区和地方三级食品安全危机管理机构，负责食品安全危机信息的公开。根据 2008 年第 6 号意大利部长会议会令，所有与食品安全有关的信息公开与传播，必须通过这三级政府主管部门的新闻机构进行，以确保信息的一致性②。其中，国家危机管理机构人员由大区危机管理机构、地方危机管理机构、动物传染病预防实验研究院、大区环境保护机构人员、食品安全专家、隶属于健康部③的高等健康研究院等机构的代表组成；大区危机管理机构人员由大区主管动物医学、隶属于健康部的地方医疗机构、动物传染病预防实验研究院、地方环境保护机构等部门的代表构成；地方危机管理机构人员由地方政府中从事卫生、动物医学、医疗专业的部门代表组成。值得注意的是，这三级危机管理机构仅负责食品安全

---

① 笔者认为，德国食品安全风险治理中的一般性信息公开制度，为危机信息公开制度的有效实施提供了稳定的公众食品安全认知基础。例如，2011 年德国肠出血性大肠杆菌危机事件后，联邦风险评估所的问卷调查显示，虽然此次食品安全危机非常严峻，但公众中并没有出现食品安全恐慌现象。由此，虽然联邦风险评估所在德国食品安全危机信息公开中处于从属性法律责任主体地位，但并不代表其在危机信息公开中的作用不明显。

② 孙颖：《食品安全风险交流的法律制度研究》，中国法制出版社，2017 年，第 156 页。

③ 意大利健康部，是负责公众健康保护的政府主管机关，也是意大利食品安全的主管机关。

遇到危机风险时的信息公开，而日常食品安全信息公开的法律责任则由卫生部、各级医疗机构以及食品安全研究机构等承担。

2006年禽流感事件后，意大利又成立了食品安全国家委员会，负责政府行政主管部门、消费者和行业协会之间关于食品安全风险治理的科学咨询和信息交流。委员会内部有两项部门职能：①负责食品安全科学技术研究，向所有食品安全风险治理的行政主管机关提供咨询信息；②负责食品安全信息公开，持续向消费者和行业协会发布食品安全信息，开展食品安全主题教育活动，协调消费者、食品行业和政府主管机关等利益主体之间的关系。食品安全国家委员会的职能，旨在确保食品安全的专业科学信息能够直接传达给公众，保障公民的知情权和选择权。

#### 4. 爱尔兰食品安全局

爱尔兰食品安全局是一个成立于1998年的独立机构，法律职责在于确保在爱尔兰生产、流通和销售的食品符合食品安全标准和相关立法要求。相较于其他机构，它是一个有权开展官方控制的风险规制机构，全权负责食品安全法在爱尔兰的执行，制订爱尔兰的官方控制计划，并支持农业部门和卫生部门在食品安全方面的政策与立法工作。

#### 5. 英国[①]的食品标准局

在疯牛病危机中，英国负责保障农业行业利益的农业、渔业和食品部(Ministry of Agriculture Fisheries and Food, MAFF)过于乐观地认为疯牛病不会影响公众健康，而过度监管则会损害行业利益。因此，在公众健康风险和行业利益风险的价值选择上，过度倾向于食品行业利益。为了避免利益冲突问题再次出现，英国在2001年设立了独立的食品标准局，接管了原属于农业部门和健康部门的食品安全保障职责。食品标准局以公众健康为首要目标，负责起草食品安全风险治理方面的标准和立法工作，并为其他政府部门涉及食品安全、食品标准和重要营养问题的工作提供政策咨询。同时，食品标准局还负责监督英国地方政府的官方控制。从性质上来说，食品标准局并不是一个风险规制部门，而是具有咨询和执行权的公共机构，通过健康部门直接向议会负责。

① 2020年1月31日，英国正式“脱欧”。但其食品标准局这种单一体系的形成是在其作为欧盟成员国期间，且后续也没有太大改变。故此处也作为示例列出。

由于其在食品安全风险咨询方面的独立性，一旦其他政府部门没有采纳其意见，必须说明理由。这一独立性不仅保障了英国食品安全官方控制中的公共利益，也对官方控制的有效性起到了重要的监督作用。

6. 各成员国法律责任主体之间的协调机制

因为欧盟各成员国在食品安全风险官方控制的主管机构设置上存在差异，为避免各国法律责任主体之间出现利益冲突，欧盟通过《食品安全白皮书》对各国食品安全的风险治理设定了相应的协调机制，以确保实施有效和适宜的食品安全风险控制。在法律责任主体方面，各成员国采用设立多个联络点的方式来交流食品安全信息。相互交流协调的信息包括本国食品安全风险官方控制的文件、不执行案件的调查结果等。

## 三、日本的食品安全信息公开法律责任主体

### （一）日本食品安全委员会

日本是亚洲最早重视食品安全风险信息公开的国家。自20世纪50年代起，日本发生了如制售毒奶粉、滥用未许可添加剂、伪造原产地标识等一系列食品安全事件，2003年，日本修订了《食品卫生法》，并颁布了《食品安全基本法》，引入了风险分析框架，将保护公共健康安全作为宗旨，确立了以消费者至上、食品安全风险评估以及从农场到餐桌的全程监管为核心的食品安全风险治理理念。2006年，为了禁止残留有害物质、添加剂超标的食品在市场上流通，日本厚生劳动省开始实施《食品残留农业化学品肯定列表制度》，关注食品在生产和加工阶段的安全。为了确保法律法规的有效实施，日本内阁府新设了食品安全委员会，作为食品安全风险治理中信息公开的法律责任主体，该机构独立于其他两个食品安全风险管理机构——厚生劳动省和农林水产省。

食品安全委员会隶属于内阁，主要负责食品安全风险评估、应急处理和信息公开等工作。委员会设有专门负责信息公开的专家委员会和调查小组。它与厚生劳动省、农林水产省在食品安全风险治理中的具体分工如下：食品安全委员会对各类食品进行风险评估，并根据风险评估结果向农林水产省和厚生劳动省提出食品安全风险治理的意见和建议；根据食品安全委员会的评估结果，厚生劳动省负责流通领域和进出口环节的食品安全风险治理，而农林水产省则

负责农产品、林产品和水产品的生产和加工环节的食品安全风险治理。作为食品安全风险治理的关键点，信息公开始终贯穿于各个环节和机构。日本《食品安全基本法》第13条明确规定，食品安全风险治理主管机构在制定食品安全政策时，必须确保各利益相关主体之间有公开、透明的信息交流，必须确保能够接收到公众的反馈意见①。

### （二）特点

日本食品安全委员会在食品安全风险治理过程中，承担的食品安全信息公开过程职能体现出了以下特点：

（1）信息公开主体的交互性。日本食品安全委员会协同农林水产省、厚生劳动省、消费者厅、环境省、国立医药品食品卫生研究所等食品安全风险治理行政机构，以及食品产业从业者、消费者、地方公共团体、科学家学者、新闻媒体等相关利益主体，在食品风险评估的过程中就食品安全信息进行交流和沟通。这一过程不是单向的，而是双向、交互的，要求能够明确反映公众对食品安全问题的具体需求②。

（2）信息公开内容的多元性。上述各主体在日本食品安全委员会的组织下，收集、整理并提供各类型多元化的食品安全信息，包含基础性的科学研究资料和通俗易懂的说明性文件。针对不同的食品安全风险治理需求，公开的食品安全信息内容也不尽相同，涵盖科学信息、风险说明和情况反馈等。

（3）信息公开形式的多样性。食品安全委员会设置了形式多样的信息公开渠道，包括回答消费者疑问的常设意见交流场所、媒体主页与印刷物的公告、互联网社交平台、报告会与说明会、讲座与研讨会等。

## 四、澳大利亚的食品安全信息公开法律责任主体

### （一）法律责任主体设置理念

自20世纪90年代联合国粮农组织（FAO）和世界卫生组织（WHO）提出食品安全统一风险分析和信息公开的理念以来，澳大利亚一直是这一理念的坚定拥护者。该理念认为，食品安全信息在食品安全风险潜在状态时应予以公开

① 王贵松：《日本食品安全法研究》，中国民主法制出版社，2009年，第98页。

② 王贵松：《日本食品安全法研究》，中国民主法制出版社，2009年，第77页。

和有效传递，以实现有效的食品安全风险治理。因此，澳大利亚在食品安全风险治理中的信息公开，不但包含风险评估者与风险管理者之间的信息交流，还涵盖了食品安全各方利益相关者(食品行业、社会公众、新闻媒体、第三方组织等)之间的信息公开。在设定食品安全风险治理中的信息公开法律责任主体方面，澳大利亚非常重视政府机构主管机关与其他食品安全利益相关主体的信息交流。通过建立透明和互动的信息公开渠道，旨在增强消费者对政府法律责任主体的信任和信心。

### (二) 法律责任主体的职能设置

澳大利亚的食品安全信息公开分为风险评估性信息和日常监测性信息两种。前者主要是为了满足食品安全风险评估和标准制定的需求，由澳新食品标准局作为主要法律责任主体进行，在澳新食品标准局食品安全标准制定权限下开展食品安全科学内容信息公开。后者涉及日常监测性信息，由联邦及各州区政府中的消费者保护和食品安全监管机构作为主要法律责任主体。在食品召回过程中，这些机构负责开展食品安全信息公开。

《澳新食品标准局法案 1991》(*Food Standards Australia and New Zealand Act 1991*)的第 13 条，为澳新食品标准局在食品安全风险治理信息公开方面的法律职能提供了法律依据。该条第 i 款规定，澳新食品标准局有义务向公众提供有关《澳新食品标准法典》的相关信息；第 13 条 j、k 款则规定，在联邦或州区政府请求协调进行食品召回时，澳新食品标准局有义务提供相关信息。

针对重要的公众外部信息公开，澳新食品标准局设立了专员负责相关事务。专员通过新闻发布会、官方网站、网络社交媒体、邮件推送、公众展板等多种渠道，使用清晰、准确、通俗的语言向社会公众公开食品安全风险相关信息。无论是已确定的风险，还是不确定的潜在风险，澳新食品标准局都必须向公众说明实情，并告知风险防范和治理的步骤和计划。

## 第三节 风险治理中的食品安全信息公开法律程序

### 一、美国的食品安全信息公开法律程序

自 1997 年起，美国正式启动了食品安全风险治理工作。1998 年，时任美

国总统克林顿签署了行政命令，成立了总统食品安全顾问委员会，负责国家食品安全计划和战略任务。美国的食品安全风险治理体系由风险评估、风险管理和风险交流三部分组成，其核心是运用科学技术和方法，主动、有计划和有目的地解决或降低食品安全风险，从而降低食品安全风险治理成本，保障公众的食品安全与健康。在美国食品安全风险治理的全过程中，信息公开是一个非常重要的基础和保障。

### (一) 风险评估程序中的食品安全信息公开

风险评估在食品安全风险治理中占据至关重要的位置，亦是风险管理的前提和基础。在美国的食品安全风险评估中，信息公开贯穿始终(见表 3-2)。

表 3-2 美国食品安全风险评估各阶段信息公开要求

<table>
<tr><th colspan="2">风险评估具体阶段</th><th>信息公开形式</th></tr>
<tr><td rowspan="4">准备期间</td><td>风险评估立法</td><td>立法听证会、公众媒体</td></tr>
<tr><td>风险评估协调</td><td>风险信息交换数据库、国际毒性评估风险数据库、ARA 时事通讯、政府网站</td></tr>
<tr><td>确定议事日程<br>明确问题清单</td><td>讨论会议</td></tr>
<tr><td>形成评估建议</td><td>/</td></tr>
<tr><td rowspan="5">评估期间</td><td>实施风险评估</td><td>执行摘要</td></tr>
<tr><td>评估结果评价</td><td>公众评议</td></tr>
<tr><td>同行专家评审</td><td>/</td></tr>
<tr><td>成本效益分析</td><td>/</td></tr>
<tr><td>选择管理方案</td><td>公共教育、企业指南</td></tr>
</table>

#### 1. 准备期间

在美国食品安全风险评估的立法过程中高度重视信息公开，通常会设立立法听证会。风险评估联盟(alliance for risk assessment, ARA)作为美国食品安全风险评估中重要的协调交流机构，其主要职责包括收集、汇总、处理和发布食品安全信息。ARA 通过风险信息交换数据库(risk information exchange, RiskIE)、国际毒性评估风险数据库(international toxicity estimates of risk database, ITER)、ARA时事通讯、政府网站等，发布食品安全风险信息，协调各方风险数据资源，为食品安全风险评估提供技术支持和服务。

美国的食品安全风险识别主要依靠法律和经验，运用数据说明潜在风险的不同表现形式和描述风险特征，评估风险的影响时间、人群、范围和程度，以及短期和长期影响。在风险识别的基础上，联邦食品安全风险管理机构将联合风险评估机构、社会公众和食品企业等各利益相关方，对风险发生的概率、损失程度等相关因素进行综合分析，以确定风险评估后续的议事日程。通过讨论会议的形式，社会公众和各利益相关方参与食品安全风险管理问题清单的确定程序。会议一般讨论的影响因素包含但不限于：①食品安全风险引发的疾病情况；②相关诉讼纠纷问题；③公众的关注程度；④最新的相关科学研究；⑤目前的监督管理信息；⑥食品企业实践操作变化；⑦风险管理机构资源；⑧风险管理日程安排；⑨国际影响。

#### 2. 评估期间

风险评估是一个包括多个步骤的科学过程，涵盖概念模型建立、收集分析数据、鉴定数据差异性、建立模型、分析变异性和不确定性等环节。主要是由专家组进行的关于微生物学、建模和统计学的数据分析。在此过程中，美国食品安全风险管理机构会利用执行摘要的形式公开信息，与社会公众和食品企业就风险评估的目的、方法和结果进行交流和反馈。

风险评估完成后，评估结果会以公共性的宣传和会议的形式，呈现给各利益相关主体。风险管理机构将接受社会公众对风险评估结果的评价反馈，一并提交进行同行评审，在完成同行评审后，基于风险管理中的成本和效益分析(包括公众健康目标、社会价值、技术可行性、行动成本、法律授权等方面)，选择确定食品安全风险管理的最终方案。该方案将通过公众教育和企业指南的形式，向社会公众和食品企业进行信息公开。

### (二) 风险交流程序中的食品安全信息公开

在美国食品安全风险治理理论中，风险交流并不独立存在，而是融入了风险评估和风险管理的全过程中。风险交流是评估者、管理者和其他利益相关方之间进行的食品安全风险信息相互交流过程，是一种通过利益相关方之间的信息交流来提升对风险认识和理解一致性的重要途径和方法。在制定风险管理决策时有助于增强透明度，在风险评估过程中有助于提升效率，是食品安全风险治理全过程的重要保障。

### 1. 法律依据

风险交流的法律基础来源于食品安全立法中的信息公开法律规定，即风险管理行政部门有向社会公众提供食品安全信息的职责，消费者也有获取食品安全信息的知情权。美国的食品安全风险交流受《行政程序法》《联邦咨询委员会法》《信息自由法案》三部法律的保护，其中最重要的是《信息自由法案》。虽然法案本身并未直接规定食品安全风险交流制度，但是其要求的政府信息公开透明，恰恰是风险交流的基础所在。根据《信息自由法案》的规定，除九种特殊情况外，任何时候，公民无需申请，便对政府的一切信息享有知情权。政府有义务公开所有信息，若拒绝提供信息，则必须说明理由。对于不属于九种不能公开的情形，政府部门需要承担证明其为例外的举证责任，公众若认为不合适，可以提起行政复议或司法审查。

在《信息自由法案》等法律的基础上，美国食品药品监督管理局于2009年制定并实施了《FDA风险交流策略计划》。该政策基于食品安全风险交流的原则和目标，细化了风险交流的具体操作流程。其基本原则是“以科学为依据、适应大众需求、以结果导向型为方法”，目标是“强化科学技术以支持有效的风险交流、增强FDA风险交流以及监督有效风险交流能力、优化FDA的交流政策”①。于是，在《信息自由法案》和《FDA风险交流策略计划》等法律法规的基础上，结合各风险管理机构的指南等规范文件，美国食品安全风险交流形成了较为完备的法律体系，呈现出常态化、广泛化和规范化的特性。

### 2. 目标与作用

2009年的《FDA风险交流策略计划》明确提出了食品安全风险交流的四个具体目标：①启蒙。在科学的风险评估基础上，加强各目标群体对风险的认知；②行为改变。通过让目标群体改变其对待风险的行为来降低个体风险；③建立可信度。建立目标群体对风险评估和风险管理机构的信任；④缓解冲突。实现风险决策过程中的理解与合作。在这四个目标的基础上，FDA确定

---

① 河南省食品药品监督管理局组织编写《美国食品安全与监管》，中国医药科技出版社，2017年，第273页。

了科学性、有效性和公平性三个风险交流的要素。随着互联网的发展和食品技术的更新，FDA 还增加了及时性作为额外的要素以应对快速变化的环境。

风险交流并不是简单的信息发布或告知，而是多边的信息交互，旨在解决食品安全领域中的信息不对称问题。因此，食品安全风险交流的作用主要体现在两个方面：①有效发布和传播食品安全风险信息，降低不安全食品带来的危害，规避与食品有关的健康风险；②开放和透明的信息交流，提高风险评估的明确性和风险管理的有效性，建立公众对食品安全风险治理的信心。

### 3. 具体要求

目前，FDA 在食品安全风险交流中的信息公开工作重心在于，满足不同文化、教育、语言背景的消费者在食品生产和突发事件中的食品安全信息需求。主要使用以下风险交流方法：①进行以食品安全风险交流和信息公共传播等为研究内容的科学研究项目；②评估公众对 FDA 食品安全风险管理的满意度；③建立并维护 FDA 风险交流数据库；④确定食品安全风险管理中批准、召回、咨询、通知等新闻公告的模板；⑤建立食品安全信息数据收集处理机制，评估消费者对食品安全风险的反应；⑥明确风险交流过程中政府行政部门和专家的角色与职责；⑦与社会、政府各方建立合作关系，扩大 FDA 网站信息发布范围；⑧指导和帮助公众认识、理解 FDA 风险交流程序。

具体要求分为日常交流和紧急状态两个方面：

1）日常交流

美国食品安全风险交流的日常工作主要体现在立法过程中的公众评价和风险评估过程中的公众参与。如前所述，美国食品安全风险评估程序中包含了诸多公众参与评价的环节，而法律规则制定过程中也力求公开透明。专家们通过公众媒体向公众解释法规的科学依据，社会公众对标准的制定进行评价和反馈，风险治理机构根据这些反馈调整风险评估报告，从而确保每项规定都具有广泛的法律基础与事实依据。

2）紧急状态

当发生食品安全风险事故时，风险管理机构会通过全美范围内各层级的食品安全网络系统和大众媒体将紧急情况向社会通告，所有与食品安全相关的通信体系都会发出警告，以确保公民及时意识到食品安全风险的存在。此外，通过国际信息合作分享机制告知国际组织（例如世界卫生组织）、地区组织和其他相关国家，让国际消费者和相关组织能够及时采取风险预防措施。

### （三）风险管理程序中的食品安全信息公开

#### 1. 食品预警机制中的信息公开程序

美国食品安全风险治理中的危险性预警系统，主要针对食品和饲料中的成分进行控制管理，并采取食品和杀虫剂上市前审批等制度。按照食品预警机制的要求，食品进入美国市场前必须通过严格审核，至少要通过三个部门的审查，即食品企业在管理方面的ISO9000认证、安全卫生方面的HACCP认证和环保方面的ISO4000认证。其中，风险分析与关键点控制（HACCP）作为食品安全风险预警的主要技术手段，能够使用户快速发现食品安全潜在风险，从而及时进行风险预防。HACCP是一种降低风险的预防性体系，而不是危害发生后的反应体系，其卓越的贡献在于确保食品企业能够生产出合格安全的食品①。

根据美国食品预警机制的要求，食品添加剂在食品上市前必须通过安全说明书的审批。政府食品安全风险管理机构根据食品企业提供的食品安全级别、食品添加剂物质、添加剂暴露量及其评价指标，决定相关申请是否获得批准。该过程中所有涉及的文件均需存档备查，并在美国食品药品监督管理局专设网站进行公告和公示，附有相应的解释条款。此外，食品涉及饲料特别建有成分控制系统，上市前需要按照《行政程序法》规定的程序在联邦注册公告中进行解释，评估通过后才可上市。

#### 2. 食品追溯体系中的信息公开程序

2011年美国食品药品监督管理局公布实施的《FDA食品安全现代化法案》中，第204节对食品企业建立食品档案及追溯体系提出了具体翔实的要求，操作性很强，建立了较为完备的高水平食品溯源法律制度。食品溯源是在食品供应链中向前或向后追踪食品或其成分的能力，是食品召回制度得以实现的重要保障，也是食品安全风险管理的重要手段。只有知道食品从哪里来、到哪里去，才有可能快速地预防和避免缺陷食品给公众健康带来的风险。

该体系要求食品企业在食品生产、加工、包装、运输、销售等各环节建立内部跟踪和追溯技术，促使企业追溯系统与政府追溯系统互联，从而提升FDA的

---

① HACCP主要包含危害分析和确定预防计划措施、确定关键控制点、建立关键限值、监控关键控制点、建立关键限值偏离时的纠偏措施、建立记录保存系统、建立验证程序等七个方面。

食品跟踪和追溯能力。由此，食品追溯体系的基础是对每个食品从生产到交货或销售的全过程中的信息进行采集。目前，美国食品企业普遍采用电子可追溯性系统来跟踪食品的生产、采购、库存和销售。例如，美国食品零售商沃尔玛要求其排名前100的供应商使用无线射频识别技术(RFID)，来实现食品的可溯源；华盛顿水果和农产品公司则采用托盘条码标签和仓储管理系统，货箱上加贴全球贸易标识代码(GTIN)和物流中心内部编码，以清晰记录所有必要信息用于食品溯源。

### 3. 食品召回制度中的信息公开程序

1) 法律责任主体、法律依据及召回类型

食品召回制度起源于产品召回制度，美国是全球最早建立缺陷产品召回制度的国家。从汽车行业开始的产品召回制度逐渐扩展到食品行业，经过几十年的发展，美国已经形成了较为完备的体系。食品召回是指食品的生产和销售主体在获悉其生产、销售的食品存在可能危害消费者健康安全的缺陷时，依法向主管机关报告并及时通知消费者，从市场和消费者手中收回相关食品，并采取予以更换、赔偿等有效补救措施，以消除食品危害风险的制度。从概念中可以发现，美国食品召回的主体包括食品行业的生产、销售和进口企业，但该制度又是在政府主管机构的主导下实施的。如前节所述，美国食品安全风险治理采用“以品种监管为主、分环节监管为辅”的多部门协调监管模式，因此食品召回的风险治理法律主体也是按照食品分类来确定的。在联邦政府层面，FDA和FSIS是美国食品召回中信息公开的主要法律主体，FSIS负责肉类、禽蛋类和农产品的召回信息公开，而FDA则负责FSIS管辖范围以外的进口类食品的召回信息公开。由于两者和各州农业部门在食品分类上的具体分工不同，它们在食品召回信息公开中的管理权限基本没有交叉。

美国食品召回制度的法律依据主要包括以下三个方面：①州和各地方法律；②联邦法律，比如《联邦法律汇编》(*Code of Federal Regulations*)、《联邦食品药品和化妆品法》(*Federal Food, Drug and Cosmetics Act*)、《联邦肉产品检验法案》(*the Federal Meat Inspection Act*)、《联邦禽类及禽产品检验法案》(*the Poultry Products Inspection Act*)等；③FDA和FSIS的指南和手册，例如FDA《监管程序手册》(*Supervision Procedure Handbook*)、《调查员操作手册》(*Investigator Operating Manual*)、《FSIS指南8080.1：肉类和禽类产品

的召回(第6版)》(*FSIS Directive 8080.1, Revision 6, recall of meat and poultry products*)、《FSIS指8091.1:FSIS健康危害评估委员会工作程序》(*FSIS Directive 8091.1, Procedures for the FSIS Health Hazard Evaluation Board*)等①。

根据上述食品召回法律规定,美国食品召回分为三种类型:①自愿召回,当食品企业通过自检或其他渠道发现食品存在安全风险时,自行向公众发起的食品召回形式;②要求召回,当食品安全风险评估机构有充足的证据证明某食品存在安全风险时,FDA有权要求食品企业召回这些食品,并承担相应的法律责任,此类召回被定义为Ⅰ级召回;③指令召回,通常情况下,FDA无权强制命令食品企业实施召回,但在某些特殊情况下,例如婴儿配方食品和在州际间销售的牛乳食品出现食品安全风险时,FDA有权发布强制性命令,要求食品企业实施食品召回。同时,FSIS和FDA根据食品安全风险的危害程度,将食品召回分为三个级别:Ⅰ级召回,涉及导致严重健康问题或死亡危险的缺陷食品,例如含有肉毒杆菌毒素、未申报过敏原、标签混合标注救生药物等;Ⅱ级召回,涉及会产生暂时性健康问题或对人体有轻微影响的缺陷食品,例如食品标识中未明示少量过敏原;Ⅲ级召回,涉及对人体不产生任何危害,但违反相关法律法规的食品召回,例如零售食品缺少英文标签。三个级别食品召回的规模和范围各不相同,为了兼顾公众健康保护和食品企业成本两个目标,各级别食品召回之间不能随意替代。

2) 具体法律程序

(1) 信息搜集。根据美国法律规定,食品企业可以通过以下三种途径发现需要召回的缺陷食品:①食品生产企业的质检人员在食品检测过程中发现食品存在威胁人体健康的因素;②食品销售企业在批发或零售过程中发现食品存在发霉、变质、过期、标识不正确等食品安全风险;③消费者向食品企业投诉其所消费的食品存在潜在食品安全风险。一旦上述情形发生,食品企业必须在掌握信息后的24小时内向FDA或者FSIS提交报告。根据食品种类的不同,FDA或FSIS会要求相应的食品安全风险评估机构对风险是否存在、风险等级和风

① 河南省食品药品监督管理局组织编写《美国食品安全与监管》,中国医药科技出版社,2017年,第223页。

险严重程度进行评估，最终，由其专家委员会根据风险评估报告决定是否实施召回。

除了食品企业向政府主管机构报告缺陷食品信息之外，FSIS 和 FDA 还可以通过以下其他信息渠道发现食品安全风险信息。例如，可以通过涉及食品质量问题的法律诉讼案件获悉潜在的食品安全风险；在日常检测和抽样过程中发现不安全或不当标识的食品；通过 FSIS 的消费者投诉检测系统获取食品安全相关投诉；根据各州地方政府的公共卫生部门和农业部门以及其他联邦行政机关提交的流行病学或实验数据中发现缺陷食品；通过海关、动植物卫生检查部门以及国外检测机构发现进口食品中的食品安全风险等。

(2) 信息确认。第一，初步调查。当 FSIS 有理由相信食品安全风险存在时，会进行初步调查，以确定是否需要实施食品召回。该初步调查在食品安全信息公开方面，主要体现为食品安全风险信息的收集，包括食品生产商的联络信息、受害消费者的采访信息、缺陷食品的样本信息、可疑食品的检验信息、食品安全事件记录信息以及各州地方卫生部门的相关信息等。

如果涉及召回的食品是进口食品，国际事务办公室将发出内部召回警报，并派出进口检测部门(Import Inspection Division)的进口召回协调员(Import Recall Coordinator)和进口监管联络员(Import Surveillance Officers)进行进口缺陷食品的信息搜集。搜集的相关食品安全召回信息，包括生产企业基本信息(例如企业名称、地址、联系方式等)和食品基本信息(例如品牌、包装、进口数量、生产日期、分布区域等)。

第二，危害评估和召回建议。在完成初步调查后，FSIS 或 FDA 将基于调查过程中收集的信息迅速对食品安全风险进行评估。如果确认缺陷食品的危害已达需要召回的标准，FSIS 或 FDA 将根据食品的上市时间、销售数量和流通方式等因素确定召回级别，并向企业发出召回建议。该召回建议应包括召回理由、召回等级、召回产品识别和召回后果评估等四个方面的内容。企业确认召回建议的内容和步骤之后，FSIS 或 FDA 将出具最终的书面评估报告。

第三，召回计划。在收到召回建议后，食品企业应针对具体情况立即采取适当措施以终止该批次缺陷食品的生产经营活动。具体包括仍在生产的部分应立即停止生产；已进入流通领域的产品，需通知销售商下架；已销售的食品必须及时通知消费者。为了履行上述法律义务，食品企业必须根据 FSIS 或 FDA

的危害评估内容，结合该缺陷食品当前在市场上的流通方式、流通范围和流通数量等一系列关键问题，制订详细的召回计划。

(3) 信息公开。食品企业制订的召回计划需要提交给 FSIS 或 FDA 进行审查。召回计划经过审查认可后，必须向公众公开信息。食品召回信息公开是指在缺陷食品召回过程中，美国政府食品安全风险治理主管机关通过各种媒体渠道向消费者、各级经销商和相关行政部门等受众通报缺陷食品的召回信息。美国食品召回信息公开一般包含三种模式：

第一，召回报告。无论产品种类和缺陷食品召回的级别，以及无论是主动召回、要求召回抑或指令召回，FDA 或 FSIS 都必须在其官网上发布召回报告。召回报告发布的受众包括联邦和各州的公共卫生部门、食品检验部门及相关食品的各级经销商。召回报告的主要内容必须包括食品名称、召回编号、召回日期、召回级别、销售规格(体积)、销售数量、流通范围、企业名称和地址、企业联系方式及召回原因等要素。召回报告要求每周发布一次，直至召回结束。

第二，新闻公告。FDA 或 FSIS 的公众事务办公室，通过相关网站或其他新闻媒体发布有关食品召回信息的新闻公告。该新闻公告的受众是国会和社会公众。一般情况下，只有Ⅰ级和Ⅱ级食品召回需要发布新闻公告，而Ⅲ级食品召回无须发布新闻公告。然而，如果Ⅲ级食品召回涉及社会影响较大、严重掺杂掺假或损害消费者利益的情况，也会予以发布新闻公告。由于新闻公告主要面向社会公众，其内容的侧重点明显区别于召回报告，要求在内容真实准确的基础上，通俗、简明、清晰地解释食品安全风险。具体来说，新闻公告应明确描述召回食品的识别特征和编号，解释召回原因及其食用后可能带来的危害，提供召回食品的销售流通信息，指导公众如何处理召回食品，并提供食品企业的召回联系方式和食品商标的电子图片等。

第三，企业公告。作为食品召回的主要法律主体，食品企业在召回过程中也必须通过大众媒体发布召回食品的企业公告。企业公告必须在 FDA 或 FSIS 的监督下进行，受众包括消费者和各级经销商。企业公告的内容是经过 FDA 或 FSIS 审查认可的召回计划和召回公告，主要包含详细的食品召回办法和处理方案。

(4) 信息反馈。食品召回计划实施后，FDA 将评估食品企业的召回程序是否公开、合理，FSIS 的执法人员将进行实地检查，以确保食品企业已经切实通知到所有经销商和消费者，并对流通领域的相关食品进行下架撤柜。当FDA审核并认为缺陷食品的危害风险已经降至最低，且FSIS明确前述召回作动已经落实完成后，将通知食品企业结束召回程序。此时，FSIS的网站管理员会将该召回案件从信息公开领域移除并进行存档。召回完成后，FDA将继续调查和研究缺陷食品产生食品安全风险的原因。

（5）简易程序设置。在美国食品召回程序中，为了节约公共资源，让食品安全风险治理机构集中精力关注重大食品安全风险事件，同时降低召回行动对主动召回且态度积极的食品企业声誉的影响，特别设置了食品召回简易程序。该简易程序的适用必须符合三个要素：①食品安全风险尚处于潜在状态，没有造成严重危害；②食品企业主动向FSIS或FDA报告食品安全风险信息；③食品企业愿意主动召回缺陷食品，并制订积极有效的召回计划，切实降低食品安全风险。在简易程序中，由于食品企业态度积极且食品安全风险较低，FSIS和FDA将不作缺陷食品风险评估报告，也不发布召回新闻公告。

#### 4. 转基因食品标识中的信息公开程序

自1996年起，美国开始将转基因食品商业化。玉米和大豆作为美国主要的转基因作物，被广泛应用于各种加工食品中。随着转基因食品的大量上市，美国消费者对其疑虑也不断增加，许多人开始选择“有机”食品。市场选择导致有机食品售价较高，因此FDA开始对食品加贴“有机”标签作出相关规定，要求必须确保生产和加工过程中没有进行基因改造[①]。在转基因食品安全风险治理中，信息公开主要体现在食品包装上的转基因标识制度上。

1）法律责任主体和法律依据

虽然美国在食品领域广泛涉及转基因生物，但政府对转基因食品还是采取了较为开放的态度，并没有为其专门立法，而是利用现有的食品安全监管体系进行转基因食品的安全风险治理。因此，美国转基因食品的法律法规散见于各部门立法中，主要包括1938年的《联邦食品药品和化妆品法》、1992年的《新植物品种食品的政策声明》和2001年的《转基因食品自愿标识指导草案》等。美

---

① 因为美国转基因作物种植比例很大，种植过程中存在基因漂移现象，所以美国标明“有机”的食品并不确保完全不含转基因成分，而只是代表没有使用转基因种子和生产过程严格隔绝转基因混入。参见河南省食品药品监督管理局组织编写《美国食品安全与监管》，中国医药科技出版社，2017年，第227页。

国转基因食品管理的主要依据来自1986年的《现代生物技术法规协作框架》，该框架是美国转基因风险管理的基本法规，明确了美国在基因工程生物安全风险管理上较为严格的审查原则，并规定了联邦各行政主体互为补充的协调管理机制。

目前，美国转基因食品由美国食品药品监督管理局(FDA)、农业部(USDA)下属的动植物卫生检验局(APHIS)和环境保护署(EPA)三个联邦行政机构联合管理。各自的法律职责和依据如下：

(1) USDA依据《植物保护法》，对转基因食品的环境许可(permits)、上市前的通知(notification)和请求(petitions)进行管理，负责转基因产品的种植安全。1987年和1997年，USDA制定并修订了《作为植物有害生物或有理由认为植物有害生物的转基因生物和产品的引入》(7CFR340)，对转基因生物转运过程的包装和标识进行严格管理。

(2) FDA依据《联邦食品药品和化妆品法》中第402节掺假食品和第409节食品添加剂，对植物源性食品和饲料的转基因标识进行管理。1992年，FDA发布了《新植物源类食品的政策声明》，建议食品企业主动向FDA咨询转基因食品，并在1996年新增了相关咨询程序的指导(《FDA咨询程序》)。

(3) EPA依据《联邦杀虫剂、杀真菌剂、灭鼠剂法案》《农药登记的数据要求》《农药登记和分类程序》《微生物农药的报告要求和评估程序》《试验使用许可证》《有毒物质控制法》，对转基因食品中的杀虫剂使用及残留进行审批、注册和登记管理。

由此可见，美国在转基因食品安全风险治理中的信息公开主要体现在转基因标识制度上，而FDA是其主要法律责任主体。

2) 转基因标识信息公开

由于美国食品安全相关法律法规仅要求食品包装上标识食品特征，而不要求标识生产方法和过程，美国对转基因食品原则上采取自愿标识制度。即，法律并不强制规定食品企业必须对转基因食品进行标识，生产者和销售者可以自行决定是否在食品外包装上添加转基因相关标识。虽然食品生产过程和其安全性存在一定的内在关联，但FDA认为食品安全风险的关键在于食品本身而非生产方法。同时，FDA认为强制性标识转基因生产方法，可能会强烈暗示消费者转基因食品与传统食品存在显著区别，从而误导消费者认为传统食品更优越，这可能导致“非转基因食品”企业因此不平等获利。

但必须明确的是，并非所有转基因食品均采取自愿标识制度。根据1992年《新植物品种食品的政策声明》的规定，当引进的新基因生产的食品添加剂成分在结构和功能上与现有食品存在显著差异时，必须加贴特殊食品标签予以说明。《转基因食品自愿标识指导草案》进一步明确了需要强制标识的情形，包括：①转基因食品存在某种消费者无法通过食品名称判断的过敏原；②转基因食品的成分、食用方法或食用结果存在争议；③转基因食品与同类传统食品间在食品安全风险性质上存在差异，且通常的名称无法准确描述该差异；④转基因食品相较于同类传统食品存在特殊营养物质。

5. 投诉举报机制中的信息公开程序

美国的食品消费者投诉机制较为完善，除了联邦、州和地方各级政府的主要职能部门设有24小时投诉热线电话和投诉网页外，还有各种消费者权益保护组织、民间团体以及新闻媒体的舆论监督，共同形成了一套完整的立法、执法和监督体系。

作为负责全美食品安全风险管理的主要联邦机构，FDA接受非肉类食品方面的食品安全投诉，消费者可以通过电话、邮件等方式联系美国卫生与安全服务部，由FDA食品安全和应用营养中心、消费者投诉协调人等相应负责机构来处理。FDA除了前述食品召回制度中的信息公开外，还设有“通报食品登记网”以完善食品安全风险管理的信息公开程序。该网站是一个食品行业的电子追踪系统，食品生产和销售各环节的法律责任主体可以自查或监督同行，将需要通报的食品安全风险信息报告给该网站，从而便于追踪有食品安全风险的缺陷食品信息。联邦、州和各地方政府同样可以向该网站通报发现的缺陷食品信息。根据法律规定，食品安全各责任主体必须在发现问题后的24小时内向“通报食品登记网”提交报告，隐瞒不报者将被追究刑事责任。

农业部下属的食品安全检验署(FSIS)负责全美肉类禽类和加工蛋类的食品安全风险管理，因此它只接受关于这些食品的安全投诉和举报。消费者可以致电或在线投诉。FSIS在其官网设置了专门的投诉通道。当然，要求消费者投诉时必须提交原始包装、食品中的异物、产品信息、食品企业信息以及购买日期等相关信息。此外，消费者还可以通过食品包装上的“经过USDA检验”标识中的圆圈或标牌，找到食品企业的企业编号(EST)。

## 二、欧洲的食品安全信息公开法律程序

### (一) 欧盟快速预警系统中的食品安全信息公开程序

自1979年开始建立快速预警系统以来，RASFF作为连接欧盟委员会、欧盟食品安全局和各成员国食品安全风险治理机构的网络，已经成为欧洲最大、最核心的食品安全风险信息平台。它与全球120多个国家和地区建立了信息交流联系。基于RASFF的功能定位是“针对成员国食品安全风险进行及时通报的消费者避险保障系统”①，其信息公开主要程序包括信息采集、风险评估、信息通报和信息反馈等环节(见图3-1)。

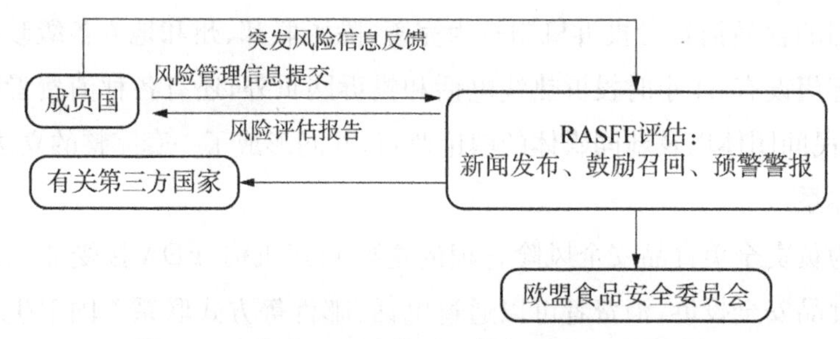


**图3-1 欧盟RASFF快速预警系统信息公开程序**

由此可见，RASFF的信息公开运作模式主要包含两个优势：

1. 层次分明的风险评估信息发布

如前所述，欧盟食品安全快速预警系统所依据的法律条文清晰明确，各职能部门职责层次分明。委员会每年发布关于欧盟范围内的食品安全风险问题的年度报告，作为各成员国食品安全风险治理的主要信息参考。由于欧盟各成员国大多设有食品安全风险评估与风险管理两套平行机构，以确保风险评估的科学性和独立性。根据欧盟的法律要求，各成员国在进行食品安全风险管理前必须进行全面风险评估。因此，RASFF几乎覆盖食品生产、加工、销售等全领域的食品安全风险治理信息，其存在显得尤为重要，是欧洲各国食品安全风险治理的有力保障。

---

① 焦志伦、陈志卷：《国内外食品安全政府监管体系比较研究》，《华南农业大学学报(社会科学版)》2010年第4期，第59-65页。

#### 2. 及时清晰的风险管理信息反馈

快速预警系统的食品安全信息公开，在欧盟和成员国之间是双向和交互的。当某一成员国发生食品安全风险突发事件时，该国的食品安全风险管理机构将根据风险程度向系统发出危害警报，系统会通知其他相关成员国，以预防风险在欧盟范围内进一步扩大。同时，系统也会对各成员国上报的食品安全风险信息进行汇总、筛选和分类，并及时上传至数据库。欧盟和成员国之间在RASFF系统中这种双向、交互的信息公开方式，为欧盟食品安全风险治理的科学性提供了及时、清晰的大数据基础。

### （二）德国的食品安全信息公开程序

#### 1. 强调透明的多方信息表达机制

作为欧盟成员国，德国是其食品安全风险治理理念忠实的执行者，严格遵循风险评估与风险管理分离的原则。在食品安全信息公开领域，根据德国法律法规的规定，各食品安全风险治理机构都有权与公众交流沟通，且联邦政府无权干预各州事务，因而并没有设立统一的程序。因此，德国在食品安全信息公开程序方面，不仅缺乏统一的一致性指南和战略，还非常强调多方信息表达机制的重要性[①]。他们认为，公众对风险的认知因人而异，因此风险评估过程中存在不同想法非常正常，单一、统一口径的信息公开反而可能引发不信任感，公众可能会怀疑协调一致的表达背后隐藏和屏蔽了重要信息。由此，在德国食品安全信息公开程序中，透明性是其首要原则。该原则在不同的食品安全风险治理机构的办事流程中，都有着不同的表现。例如，联邦消费者保护及食品安全办公室设置了专门发布食品警告和召回信息的网站。

#### 2. 重视受众的多层次信息公开分类

长期缺乏全国性的食品安全信息公开统一规划，给德国食品安全风险治理带来了困扰和危机。2015年，联邦政府认识到食品安全信息公开并不仅仅是“媒体和公共关系”[②]，于是由联邦风险评估所发布了食品安全信息公开方式分类清单。该清单旨在帮助不同类型的消费者科学掌握食品安全风险信息，将食品安全信息公开方式分为单向交流、专家对话、培训、消费者对话、研究型对话

---

① 孙颖：《食品安全风险交流的法律制度研究》，中国法制出版社，2017年，第139页。

② 孙颖：《食品安全风险交流的法律制度研究》，中国法制出版社，2017年，第141页。

等五大类(见表 3-3)。

**表 3-3　德国食品安全信息公开方式分类清单**

| 分类 | 方式 | 内容 |
|---|---|---|
| 单向交流 | 联邦风险评估所官网 | 联邦风险评估所的评估意见、风险轮廓描述① |
| | | 问答视频、常见问题解答 |
| | | 风险图示 |
| | | 年报 |
| | 自我宣传 | 小册子和传单 |
| | | 科学报告会 |
| | 公众媒体 | 发布会、访谈 |
| | | 手机 App |
| | | 自媒体平台(推特等) |
| 专家对话 | 风险治理机构内部 | 机构内和跨机构的对话 |
| | | 理事会议 |
| | | 科学建议委员会 |
| | 风险治理机构外部 | 科学专题研讨会 |
| | | 利益方听证会、对话 |
| | | 消费者保护论坛 |
| 培训 | 公共健康培训 | |
| | 用户培训 | |
| | 全球风险分析专家培训 | |
| 消费者对话 | 国际绿色周(食品及农业贸易展览会)的风险主题演讲 | |
| | 食品安全事件讨论 | |
| | 公众演说 | |
| 研究型对话 | 共识大会:引入非专业人士参与风险决策 | |
| | 背对背通信:征询专家组预测意见 | |
| | 情景讨论 | |

① 风险评估意见的概括性总结,方便非专业人士更好地理解评估结果,提升信息公开效果。

# 第四章
# 食品安全信息公开法律制度的现实困境

自改革开放以来，随着我国食品产业的迅速发展，我国的食品安全法律体系逐步建立并不断完善。2009 年《食品安全法》的正式颁布实施，标志着我国基本建立了食品安全信息公开法律体系。2009 年颁布实施的《食品安全法》，在全面定义食品安全信息概念的基础上，规定了国家应建立统一的食品安全信息报告制度。2015 年 4 月 3 日，国务院办公厅印发的《2015 年政府信息公开工作要点》①进一步强调了食品安全领域的监管政策、重大案例和监督抽查等食品安全信息的公开要求。同年 4 月修订颁布的《食品安全法》，更是以法律形式确立了食品安全信息公开的重要地位，明确了以国家统一食品安全信息平台为基础的食品安全信息公开制度，规定食品安全风险警示信息、重大食品安全事故调查处理信息等由政府食品安全监督管理机构统一公布。

## 第一节　我国食品安全信息公开法制的发展历程

### 一、《食品安全法》(2009 年)的制定

#### (一)《食品卫生法》阶段

20 世纪五六十年代，我国食品安全的目标主要是解决温饱问题。当时面

---

① 国办发〔2015〕22 号。

临的食品安全事件大多是食物中毒,因此食品安全的概念基本局限于食品卫生。1978年国家经济体制改革开始,食品生产经营渠道逐渐多元化和复杂化,食品中毒事故数量不断上升,逐渐威胁到公众健康和生命安全,健全食品安全法制的需求变得十分迫切①。1981年起草、1982年通过、1983年7月1日起试行的《中华人民共和国食品卫生法(试行)》是一部带有过渡性质的法律,在内容上也取得了一定的突破。该法律初步确立了以食品卫生监管部门为核心、工商和农牧渔业主管部门分段监管为内容的监管体制,并提出了由食品生产经营企业及其主管部门对食品安全承担法律责任②。

1992年,我国提出建设社会主义市场经济体制的目标,食品行业启动了政企分开改革。1993年3月,国务院撤销轻工业部③,食品行业正式与轻工业主管部门分离。自1983年起的10年间,食品行业实现了迅猛发展,无论是企业和从业人员的数量,还是食品种类和类型,都出现了全新的形势,原有的试行版《食品卫生法》难以为继。1995年10月,正式版《食品卫生法》修订通过,将食品卫生监管权授予各级卫生行政管理部门。此后,云南、江西、河南、北京、浙江等各地方立法机关也相继进行了执行性立法。《食品卫生法》的制定和实施,对解决我国改革开放之后食品行业大发展阶段所面临的问题,产生了积极的效果和发挥了巨大的作用。从数据上看,全国的食品中毒事件从1991年的1 861件,下降到1997年的522件;涉及食品中毒的人数也从1990年的47 367人,减少到1997年的13 567人④。

1998年,国务院政府机构改革调整了国家质量技术监督局、卫生部、工商总局、农业部、粮食局等食品安全监管部门的职责,卫生部门在食品安全监管中的主导地位有所削弱。之后,受美国FDA食品药品一体化监管模式的影响,2003年国务院机构改革时,将原国家药品监督管理局调整为国家食品药品监督管理局,同时确立了其对食品安全综合监管、重大食品安全事故依法组织查

---

① 丁佩珠:《广州市1976—1985年食物中毒情况分析》,《华南预防医学》1988年第4期,第79-80页。

② 刘鹏:《中国食品安全监管:基于体制变迁与绩效评估的实证研究》,《公共管理学报》2010年第4期,第63-77页。

③ 八届全国人大一次会议《国务院机构改革方案》。

④ 刘鹏:《中国食品安全监管:基于体制变迁与绩效评估的实证研究》,《公共管理学报》2010年第4期,第63-77页。

处的职权。在安徽阜阳劣质奶粉事件发生后，国务院首次明确了食品安全分段监管体制，即农业部门负责初级农产品生产环节、质量监督部门负责食品生产加工环节（原卫生部门负责）、工商部门负责食品流通环节、卫生部门负责餐饮和食堂等消费环节、食品药品监督管理部门负责综合监管和重大事故查处[①]。

《食品卫生法》主要规范了食品的生产、加工、运输、流通和消费等环节，但基本未涉及初级农产品生产、食品添加剂、食品安全风险分析和评估、食品召回、食品广告等领域，更没有具体涉及食品安全信息公开方面。之后的《中华人民共和国产品质量法》和《中华人民共和国农产品安全质量法》作为《食品卫生法》的补充，从产品质量监管角度调整了食品添加剂和食品包装问题，从初级农产品角度调整了农产品质量安全标准体系，但依然没有涉及食品安全信息公开领域。

**（二）《食品安全法》（2009 年）阶段**

随着食品产业链的迅猛发展，主要关注食物中毒、无证摊贩等问题的“食品卫生”概念已然无法适应社会公众对食品行业的诉求。此时，强调食品在种植养殖、生产加工、流通销售和餐饮等各环节综合安全性的“食品安全”（food safety）概念，更加符合社会对食品质量的标准和需求。2008 年“三鹿”奶粉事件暴露了我国《食品卫生法》在食品安全风险评估、食品安全信息公开、食品安全标准等方面缺乏法律规范的弊端。同时，已加入 WTO 的中国，也需要在食品安全法律制度方面进一步融入以 SPS 协议、TBT 协定等为代表的国际贸易领域。这些因素共同促成了《食品卫生法》向《食品安全法》的转变。

2009 年 6 月 1 日，《食品安全法》正式实施。从《食品卫生法》过渡到《食品安全法》，不但是概念上的更新，更是立法理念的全面转变。根据世界卫生组织《加强国家级食品安全性计划指南》的界定，“食品卫生”指的是确保食品安全性和适合性的条件和措施，而“食品安全”则指食品不会对消费者造成伤害的担保。相比而言，“食品安全”是一个涵盖“从农田到餐桌”的全过程风险控制科学体系。从立法内容上看，2009 年版的《食品安全法》相较于《食品卫生法》，在监管职权、风险监测与评估、食品安全标准、经营者责任、添加剂安全规则、保健品

① 2004 年 9 月，《国务院关于进一步加强食品安全工作的决定》（国发〔2004〕23 号）：“按照一个监管环节、一个部门监管的原则，采取分段监管为主、品种监管为辅的方式。”

规范、安全事故处理和法律责任等八个方面有了显著变化。尤其是在食品安全信息公开领域,《食品安全法》进行了初步规范,实现了零的突破。

第一,初步明确了食品安全信息公开的法律责任主体①。①食品生产经营者是食品安全信息公开的第一责任人,应当依法公开食品安全信息,接受社会监督并承担社会责任。②进一步厘清了分段监管模式中各部门关于信息公开的具体职责。卫生行政部门承担食品安全信息的综合协调职责,组织查处食品安全重大事故,负责食品安全风险评估、食品安全标准制定和食品安全信息公布;质量监督、工商行政管理和食品药品监督管理部门分别负责对食品生产、食品流通、餐饮服务等环节的食品安全信息进行收集;食品中农药和兽药残留的限量规定及其检验方法与规程由卫生和农业行政部门共同制定,但食用农产品的食品安全信息公开依然遵循前述相关规定;县级以上地方人民政府负责本行政区域的食品安全信息收集;国家出入境检验检疫部门负责收集、汇总进出口食品安全信息,并通报境外和进口食品的风险预警。

第二,首次增加了食品安全风险监测和评估制度②。①国务院卫生行政部门负责会同其他相关部门,制定和实施针对食源性疾病、食品污染和食品有害因素的国家食品安全风险监测计划;省级人民政府的卫生行政部门根据国家食品安全风险监测计划,制定和实施本行政区域的食品安全风险监测方案;国务院卫生行政部门应根据农业、质量监督、工商和食品药品监督管理等部门提供的食品安全风险信息,及时动态调整食品安全风险监测计划。②国务院卫生部门成立由医学、食品、农业、营养等领域专家组成的食品安全风险评估专家委员会,负责组织针对食品和食品添加剂中生物性、化学性和物理性危害的食品安全风险评估工作;国务院卫生行政部门根据食品安全风险监测和公众监督中获得的风险信息,及时组织进行动态的食品安全风险评估;食品安全风险评估结果是食品安全监督管理和食品安全标准制定的科学依据;国务院卫生总政部门负责汇总食品安全信息,并实施风险警示和发布。

第三,初步确定了食品安全信息公开的内容。①食品安全标准③。科学合理、安全可靠、以保障公众身体健康为宗旨的食品安全标准,作为强制执行的标

① 2009 年版《食品安全法》第一章、第六章。
② 2009 年版《食品安全法》第二章。
③ 2009 年版《食品安全法》第三章。

准，包括危害人体健康物质的限量、食品添加剂、特定食品的营养成分要求、食品标签标识、食品生产经营卫生要求、食品质量要求、食品检验方法与规程等多方面的规定。食品安全国家标准根据不同内容，由国务院卫生行政部门会同相关主管机关负责制定，并由国务院卫生行政部门负责公布，并供公众免费查阅。②食品安全风险警示。国务院卫生部门根据食品安全监管的信息和食品安全风险评估的结果，负责综合分析食品安全状况，对于分析表明可能具有较高安全风险的食品，及时提出食品安全风险警示，并予以公布。③食品标签和说明书[①]。食品和食品添加剂的标签、说明书，应包含名称、成分或配料表、生产者基本信息、保质期、产品标准代号、贮存条件、食品添加剂信息、生产许可证编号等内容，不得包含虚假、夸大的信息，也不得涉及疾病预防和治疗的内容。④食品召回信息[②]。明确了国家建立食品召回制度，食品生产者负责召回不符合食品安全标准的食品，通知相关经营者和消费者，并将召回情况向县级以上质量监督部门报告。

第四，首次涉及了社会公众在食品安全信息公开领域的法律权利和责任[③]。①强制性规定：制定食品安全国家标准时，应当广泛听取食品生产经营者和消费者的意见；食品行业协会应当宣传和普及食品安全知识；新闻媒体应当开展食品安全公益宣传，并对食品安全违法行为进行舆论监督。②软性规定：公众有权向相关行政主管机关了解食品安全信息，并举报食品生产经营中的违法行为；鼓励社会团体和基层群众性自治组织开展食品安全的普及工作，增强公众的食品安全意识和自我保护能力。

## 二、《食品安全法》(2015 年)修订

2009 年《食品安全法》的制定，对规范我国食品安全的生产经营活动起到了重要作用，食品安全的整体水平也得到了有效提升。然而，随着时间的推移，监管体制和手段落后、法律责任偏轻以及风险治理效果欠佳等问题逐渐凸显，食品安全风险治理形势依然严峻。为了进一步改革完善我国的食品安全风险治理体系，着力建立最严格的食品安全监管制度，积极推进食品安全的社会共

---

① 2009 年版《食品安全法》第 42、47 - 49 条。
② 2009 年版《食品安全法》第 53 条。
③ 2009 年版《食品安全法》第 3、7、8、10、23 条。

治模式,《食品安全法》的修改被提上日程[①]。2013 年 10 月至 2015 年 4 月间,《食品安全法》历经全国人大常委会第九次会议和第十二次会议的 3 次审议,最终于 2015 年 10 月 1 日正式施行。修订后的《食品安全法》以“四个最严”[②]为宗旨,对 2009 年版中大约 70%的条文进行了全面修订,增设了基本原则、深化了监管职责、创新了监管制度、强化了源头治理、明确了主体责任,并完善了社会共治机制,致力于化解我国食品安全风险治理中所面临的现实问题。在食品安全信息公开领域,2015 年的《食品安全法》在理念、主体、内容和方式等多方面进行了实质性的改革创新和强化完善。

### (一) 以风险预防为核心理念

在 2015 年《食品安全法》的总则中,增设了预防为主、风险管理、全程控制、社会共治的基本原则,这些原则也成为我国食品安全风险信息公开的核心理念。“着力加强源头治理,强化过程监管,切实保障‘从农田到餐桌’食品安全。”[③]2015 年《食品安全法》将风险预防作为核心理念,确定“全程控制”为基本原则,并建立了食品安全信息的全程可追溯体系。随着贸易全球化的推进,食品的生产链和供应链日益复杂,消费者对获取食品安全信息的信心也在不断下降。《食品安全法》第 42 条明确规定了国家建立食品安全全程追溯制度,要求食品生产者应当建立包含进货查验、出场检验、食品销售等信息的食品安全追溯体系,并规定国务院食品安全监管、农业行政等主管机关之间需建立追溯协作机制。通过立法形式将追溯系统纳入食品物流体系,显示了我国已经充分认识到代表“风险预防”的可追溯系统在食品安全信息公开风险治理中的重要作用和价值。

### (二) 统一信息公开法律主体[④]

在 2015 年的《食品安全法》中,终结了“分而治之”的食品安全分段监管模

---

① 中国食品网:《打响“舌尖安全”保卫战:新修订〈食品安全法〉深度解读》,www. cfqn. com. cn,2015 年 6 月 3 日访问。

② 2015 年 5 月,习近平总书记在主持中共中央政治局第二十三次集体学习时强调,要切实加强食品药品安全监管,用最严谨的标准、最严格的监管、最严厉的处罚、最严肃的问责,加快建立科学完善的食品药品安全治理体系,坚持产管并重,严把从农田到餐桌,从实验室到医院的每一道防线。

③ 参见 2015 年 3 月国务院办公厅《2015 年食品安全重点工作安排》。

④ 2015 年版《食品安全法》第一、二、六章。

式，从法律上明确了由国务院食品药品监督管理部门统一负责食品安全风险信息的发布。新《食品安全法》明确国家建立统一的食品安全信息平台，由国务院食品药品监督管理部门统一公布关于食品安全总体情况、食品安全风险警示、重大食品安全事故等依法需要统一公布的食品安全风险信息[①]。除此之外，国务院食品药品监管部门负责食品生产经营中的食品安全风险信息收集、食品安全风险警示信息的发布；国务院卫生行政部门负责食品安全风险监测与评估、制定和公布食品安全国家标准；出入境检验检疫机构按照国务院卫生行政部门的要求，负责对进出口的食品和食品添加剂进行检验并公开信息，定期公布进出口食品生产经营企业的备案和注册名单。

在地方食品安全风险治理中，县级以上人民政府的食品药品监督管理、卫生行政部门负责各自职权范围内的食品安全监督管理工作。因此，食品药品监督管理、卫生行政、质量监督、农业行政部门应当建立信息共享机制，相互通报获知的食品安全信息。县级以上食品药品监督管理部门负责对食品安全信息进行核实、分析和公布，以避免误导消费者和社会舆论。同时，要求县级以上人民政府加强食品安全知识的宣传教育和普及工作，倡导健康饮食方式，增强消费者的食品安全意识和自我保护能力。

可见，在此阶段，虽然仍然需要由食品药品监督管理部门和卫生行政等部门分工合作，但是相比之前的“多头监管”模式，已经有了相对清晰统一的食品安全信息公开责任主体。

### （三）规范信息公开内容

#### 1. 食品安全风险警示[②]

如前所述，2015 年《食品安全法》中规定国务院食品药品监督管理部门统一负责食品生产经营活动的监管，而国务院卫生行政部门负责食品安全的风险监测与评估。据此，食品药品监督管理部门在获取食品安全风险信息后，应当立即向卫生行政部门通报，并由卫生行政部门组织进行食品安全风险评估，及时调整食品安全风险监测计划，并在必要时制定或修改食品安全国家标准。食

---

① 食品安全风险警示信息和重大食品安全事故及其调查处理信息的影响限于特定区域的，也可以由有关省、自治区、直辖市人民政府食品药品监督管理部门公布。

② 2015 年版《食品安全法》第二章、第六章。

品药品监督管理部门在综合食品安全风险评估信息和监督管理信息后，进行综合分析，对具有较高程度安全风险的食品向社会公众发布食品安全风险警示。同时，强调各级行政主管机关必须建立健全的食品安全信息共享机制，科学、客观、及时地公布食品安全信息，并与食品生产经营企业、食品检验认证机构、食品行业协会、消费者协会、新闻媒体进行食品安全信息的交流沟通。

在进出口食品方面，国家出入境检验检疫部门负责收集出入境检验检疫工作中消费者反馈的进出口食品安全信息，以及国际组织和境外政府机构发布的食品风险预警信息，并负责将其及时通报给相关部门、机构和企业。出入境检验检疫部门还可以针对向我国出口食品的国家或地区，进行食品安全管理体系和食品安全状况的评估、审查，根据相应结果确定检验检疫要求，动态发布进出口食品安全风险警示。同时，国家出入境检验检疫部门对进出口食品企业实施信用管理、建立信用记录，并向社会公布。

2. 食品安全标准①

食品安全标准是食品安全信息公开的重要内容，由卫生行政部门负责制定和公布，应在省级以上人民政府卫生行政部门的网站上供公众免费查阅和下载。其中，农药和兽药残留的限量规定及检测办法，屠宰畜禽的检验规程，由国务院卫生、农业行政部门共同制定。没有食品安全国家标准的，省级地方人民政府的卫生行政部门可以组织制定和公布食品安全地方标准，并报国务院卫生行政部门备案。同时，鼓励企业制定严于国家标准或地方标准的食品安全企业标准，并报省级卫生行政部门备案。

在食品安全标准信息公开领域，还强调了信息交流和动态修订制度。2015年《食品安全法》规定，国务院卫生行政部门在制定食品安全国家标准时，应向社会公布草案，广泛听取食品生产经营企业、消费者及有关部门的意见；省级以上的食品药品监督管理、质量监督和农业行政部门负责收集食品安全标准实施过程中的问题，并向卫生行政部门通报；食品生产经营企业和食品行业协会在执行食品安全标准时发现问题，也应向卫生行政部门报告。省级以上卫生行政部门负责跟踪调查食品安全国家标准和地方标准的执行情况，并根据评价结果适时进行修订。

① 2015年版《食品安全法》第三章。

3. 食品安全基本信息[①]

对于普通消费者来说，食品的标签、说明书和广告是食品安全信息公开的“第一线”。2015年《食品安全法》除了对食品和食品添加剂的标签、说明书、包装、警示标识作出了一般性法律规定之外，还针对公众关注的特殊食品进行了立法完善。例如，该法规定，专供婴幼儿和其他特定人群的食品，标签应标明主要营养成分及含量；企业生产经营转基因食品的，应按法律规定在包装上显著标示；保健食品的标签、说明书不得涉及疾病预防和治疗功能，必须标明适宜人群、标志性成分及其含量等，并声明“本品不能代替药物”；食品广告应当保证内容真实，不得含有虚假信息。

4. 食品企业自查信息[②]

作为食品安全信息公开的第一法律责任主体，2015年《食品安全法》增设了食品安全自查和报告制度。首先，食品生产企业申请使用新的食品原料和食品添加剂的，应向国务院卫生行政部门申请安全性评估，符合食品安全要求的，准予许可并予以公布。其次，食品生产经营者应定期检查和评价自身的食品安全状况，对不符合食品安全要求的应当采取整改措施；对于有食品安全风险的，应立即停止生产经营，并向当地县级食品药品监督管理部门报告。尤其是生产经营保健食品、特殊医学用途配方食品、婴幼儿配方食品及专供特定人群主辅食品的企业，必须定期自查并提交自查报告。再次，国家要求食品生产经营企业建立食品安全追溯体系，并鼓励食品生产经营企业进行危害分析和关键点控制体系认证，根据法律规定在各环节汇报或公开食品安全信息。最后，国家建立了食品召回制度，食品生产经营者发现食品可能危害人体健康的情形，应当立即停止生产销售、召回问题食品、通知消费者，并向当地食品药品监督管理部门报告。

**(四) 严格信息公开法律责任**[③]

2015年修订的《食品安全法》进一步强化了各法律主体在食品安全信息公开中的法律责任，体现在以下方面。①严格食品安全事故信息上报责任。发生

---

① 2015年版《食品安全法》第三章。
② 2015年版《食品安全法》第四章。
③ 2015年版《食品安全法》第七、八、九章。

食品安全事故的单位应当立即向所在地的县级食品药品监督管理部门和卫生行政部门报告;县级以上政府的质量监督、农业行政等部门发现食品安全事故信息,应当立即向同级食品药品监督管理部门通报;接到报告的食品药品监督管理部门应当依法向本级政府和上级食品药品监督管理部门报告,并负责信息的发布、解释和说明。任何单位和个人不得隐瞒、谎报或缓报食品安全事故信息。②建立食品安全信息发布长效机制。县级以上食品药品监督管理部门应建立食品生产经营者的食品安全信用档案,并依法向社会公布并实时更新;县级以上食品药品监督管理、质量监督、农业行政部门应依法公开各自职责范围内的食品安全监管信息;县级以上食品药品监督管理、质量监督等部门应公布本部门的联系方式,以便接受社会公众的咨询、投诉和举报。明确要求各主管机关公布的食品安全信息应当准确、及时,并进行必要的解释说明,以免误导社会公众。③明确食品安全行政案件移送程序。2015 年《食品安全法》规定,县级以上食品药品监督管理、质量监督等部门在行政执法中一旦发现涉嫌食品安全犯罪的,应当及时移送公安机关,由公安机关立案侦查并追究刑事责任。这一规定对于畅通行政执法与刑事司法的衔接、打击食品安全违法犯罪行为,实现"四个最严",具有非常重要的作用。

### (五) 深化"社会共治"程度

2015 年《食品安全法》的修订确定了"社会共治"这一基本原则,并进一步深化完善了 2009 年版中初步提出的社会公众在食品安全风险治理中的法律权利和责任。其中,食品安全信息公开领域的"社会共治"体现在以下四个方面:①确定社会自治的法律主体。明确食品行业协会是行业自律主体,消费者协会是社会监督主体,新闻媒体是舆论监督主体。②明确社会自治的法律权利义务。食品行业协会应提供食品安全信息服务、宣传和普及食品安全知识;消费者协会等消费者组织应对违反食品安全法律法规、侵犯消费者权益的行为进行社会监督;新闻媒体应当开展食品安全法律法规、食品安全标准、食品安全知识的普及宣传,并对食品安全进行舆论监督;任何组织和个人都有权了解食品安全信息,对食品安全监管提出意见和建议;鼓励社会组织、基层群众自治组织、食品生产经营企业开展食品安全知识的宣传和普及。③增加了食品安全举报制度。2015 年修订后的《食品安全法》明确规定,对查证属实的食品安全举报给予奖励，并对举报人信息予以保密和保护。尤其是为了保护企业内部举报人的积极性，明令禁止企业通过解除或变更劳动合同等方式对举报人进行打击报复。④严格社会自治的法律责任。食品安全信息公开是行政主管机关的法定职权，因此未经授权不得发布食品安全信息，任何单位和个人不得编造或散布虚假的食品安全信息。据此，新闻媒体在对食品安全违法行为进行舆论监督和宣传食品安全信息时，必须确保宣传报道的真实和公正。同时，首次规范了网络食品交易中的信息公开法律责任，如果网络食品交易第三方平台提供者未能履行提供真实食品信息的法定义务，导致公众合法权益受到损害的，应与食品生产经营者承担连带民事赔偿责任。

## 三、《食品安全法》(2018 年)再修订

2016 年，作为“十三五”规划的开局之年，我国食品安全治理体系进入了全面建设社会共治的关键时期。食品安全战略被提升到国家战略的高度，不再被单纯视为行政监管工作，而是转向强调系统性、整体性和协同性的食品安全风险治理模式[①]。在此背景下，食品安全法治体系中的顶层设计逐步完善，2015 年《食品安全法》中作出明确规定的新增领域开始出台配套的法规、规章和规范性文件，以确保制度的可操作性。在食品安全信息公开方面，出台了《食品安全法实施条例》《食品药品安全监管信息公开管理办法》《食品安全标准管理办法》《食品安全信用信息管理办法》《食品药品监管总局关于做好食品安全抽检及信息发布工作的意见》等法规、规章和规范性文件。与此同时，各地方政府也相继出台了规范食品安全信息发布的具体操作细则。例如，浙江省食药监印发的《食品药品安全信息发布管理办法》(浙食药监规〔2015〕20 号)和《食品药品安全信息发布流程规则》(浙食药监规〔2015〕67 号)等。

2018 年国务院机构改革，国家工商行政管理总局、国家质量监督检验检疫总局、国家食品药品监督管理总局、国家发展和改革委员会(价格监督与反垄断执法)、商务部(经营者集中反垄断执法)、国务院反垄断委员会等机构职责整合，组建了国家市场监督管理总局。据此，《食品安全法》中原“食品药品监督管

① 参见国务院印发的《“健康中国 2030”规划纲要》《关于加快推进重要产品追溯体系建设的意见》《消费品标准和质量提升规划(2016—2020 年)》，国家卫计委印发的《食品安全标准与监测评估“十三五”规划(2016—2020 年)》等政策文件。

理”的表述修改为“食品安全监督管理”，涉及机构改革的相应条款也进行了内容调整。在食品安全信息公开领域，其他相关的法规、规章和规范性文件也相继修订出台。例如，2019 年 5 月 15 日，修订后的《政府信息公开条例》施行；2019 年 6 月，市场监督管理总局印发了《食品药品监管领域基层政务公开标准指引》(市监办函〔2019〕1111 号)。2019 年 12 月 1 日，配套修订后的《食品安全法实施条例》也开始施行。

2018 年之后，《食品安全法》及其相关法规、规章和规范性文件的修订，通过区分食品与药品监管中的不同性质，使我国的食品安全风险治理更为科学。在食品安全信息公开方面，主要有以下几个方面的完善：①强化了行政主体的法律职责，要求县级以上人民政府建立统一权威的监管体制，完善了举报奖励制度，并建立了严重违法企业黑名单和失信联合惩戒机制；②完善了食品安全风险监测信息、食品安全标准等食品安全信息公开内容的法律要求，明确了食品安全地方标准的制定和企业标准备案的范围，切实提高了食品安全信息公开的科学性；③细化了食品安全信息公开清单，规定了食品安全信息公开的事项、内容、时限、部门、渠道和流程等，确保了食品安全信息发布的真实、准确和通畅；④进一步落实了食品生产经营企业的主体法律责任，禁止对食品进行虚假宣传；⑤严格设定了食品安全信息公开违法行为所需承担的法律后果。

## 第二节　我国食品安全信息公开法制的新进展

食品安全风险治理中，信息获取与理解的不对称是引发食品安全风险的主要原因。在我国曾经发生的多起食品安全事件中，公众恐慌和舆情混乱往往源于承担食品安全信息公开法律责任的主管机关未能及时、科学、有效地发布和交流信息。由此，食品安全信息公开法律制度不仅是《食品安全法》所要求的“社会共治”的基础，也是在我国逐步完善的食品安全国家治理体系中，衡量政府风险治理能力的重要指标。在食品安全信息公开制度确立后的十多年时间里，随着社会公众对食品安全风险信息诉求的不断增强，中央及地方各级政府不断完善、细化和落实食品安全信息公开法律制度，我国食品安全信息公开法律制度取得了新的进展。

## 一、食品安全信息公开法律主体明晰

### （一）2018 年国务院机构改革之前

在 2015 年《食品安全法》修订颁布前，2013 年 3 月组建的国家食品药品监督管理总局是我国中央政府层面食品安全信息公开的主要法律责任主体。当时的《国家食品药品监督管理总局政府信息公开指南》明确规定了其公开的食品安全信息包括政策法规、机构职能、行政许可、公告通告、基础数据、监管统计、专题专栏、公众服务、动态信息等板块。这些信息要求通过国家食品药品监督管理总局的政府网站、新闻发布会、报刊、广播电视等渠道予以主动公开。

农业部作为当时第二个食品安全信息公开的中央政府法律责任主体，其职责主要体现为食用农产品质量安全信息的公开。自 2014 年起，农业部在信息公开工作方面表现优秀，全年主动公开的及时率和依申请公开的及时答复率基本保持在 100%，能做到应公开尽公开，且没有因信息公开被提起行政诉讼，相关行政复议也没有被撤销或责令重新办理[①]。

组建于 2013 年的国家卫生和计划生育委员会（后更名为国家卫生健康委员会），是当时第三个食品安全信息公开的中央政府法律责任主体。其内设“食品安全标准与监测评估司”，专门负责食品安全信息公开领域中的食品安全风险评估和食品安全标准制定职责。同时，以 2009 年《食品安全法》第 11 条和第 13 条规定为法律基础[②]，2011 年 10 月 13 日国家食品安全风险评估中心成立[③]。国家食品安全风险评估中心在食品安全信息公开领域的主要职责包括以下七个方面：①为政府食品安全监督管理机构在食品安全风险监测、风险评估和标准管理等方面，制定食品安全法律法规和相关政策，提供技术咨询及政

---

① 以 2014 年为例，农业部网站政务版共发布信息 16.6 万条，信息公开专栏主动公开信息 708 条，依申请公开信息 311 件。参见尹世久、高杨、吴林海：《构建中国特色食品安全社会共治体系》，人民出版社，2017 年，第 132 页。

② 2009 年的《食品卫生法》第 11 条规定，国家建立食品安全风险监测制度，对食源性疾病、食品污染以及食品中的有害因素进行监测；第 13 条规定，建立食品安全风险评估制度，对食品、食品添加剂中生物性、化学性和物理性危害进行风险评估。

③ 国家食品安全风险评估中心是经中央机构编制委员会办公室批准，直属于国家卫生健康委员会的公共卫生事业单位。

策建议;②拟订国家性的食品安全风险监测计划,在此基础上开展风险监测,并向食品安全主管机构报送监测数据和分析结果;③拟订食品安全风险评估的技术规范,承担食品安全风险评估工作,对食品、食品添加剂和食品相关产品进行生物性、化学性和物理性危害的风险评估,并向国家卫生健康委报告评估结果信息;④开展与食品安全风险评估相关的科学研究和成果转化,推进信息化建设,提供行业技术培训、公众检测服务和科普宣教;⑤承担食品安全风险治理中风险监测、风险评估和风险交流等全过程的信息公开工作;⑥承担食品安全标准的技术管理工作,提供国民营养计划实施的技术支持;⑦负责食品安全风险评估和食品安全国家标准评审的专家委员会工作。

### (二) 2018 年国务院机构改革之后

#### 1. 国家市场监督管理总局

2018 年 3 月,国务院机构改革后,原国家工商行政管理总局、国家质量监督检验检疫总局和国家食品药品监督管理总局等机构的职责整合,组建了国家市场监督管理总局,作为我国新一轮的中央政府层面食品安全信息公开的主要法律责任主体①。

国家市场监督管理总局下设的内部机构中,有 5 个涉及食品安全风险治理:①食品安全协调司,负责拟订食品安全战略的重大政策措施,推动健全跨地区跨部门协调联动机制,承担统筹协调食品全过程监管中的重大问题;②食品生产安全监督管理司,负责分析掌握生产领域食品安全的形势,拟订食品生产监督管理和落实食品生产者主体责任的制度,组织开展食品生产企业监督检查、查处相关重大违法行为,指导企业建立健全食品安全可追溯体系;③食品经营安全监督管理司,分析流通和餐饮服务领域食品安全形势,拟订食品流通、餐饮服务、市场销售领域食用农产品的监督管理和食品经营者主体责任的制度,组织开展监督检查工作和餐饮质量安全提升行动,指导重大活动的食品安全保障工作;④特殊食品安全监督管理司,分析保健食品、特殊医学用途配方食品和

---

① 2018 年 3 月,根据第十三届全国人民代表大会第一次会议批准的国务院机构改革方案,将国家工商行政管理总局的职责、国家质量监督检验检疫总局的职责、国家食品药品监督管理总局的职责、国家发展和改革委员会的价格监督检查与反垄断执法职责、商务部的经营者集中反垄断执法以及国务院反垄断委员会办公室等职责整合,组建国家市场监督管理总局,作为国务院直属机构。

婴幼儿配方乳粉等特殊食品领域的安全形势，拟订特殊食品注册、备案和监督管理的制度，组织查处相关重大违法行为；⑤食品安全抽检监测司，组织实施全国食品安全监督抽检计划并定期公布相关信息，督促指导不合格食品的核查、处置和召回，参与制定食品安全标准和食品安全风险监测计划，承担食品安全风险监测工作，组织开展评价性抽检、风险预警和风险交流。其中，食品安全抽检监测司是食品安全信息公开的主要负责部门。

### 2. 国家卫生健康委员会

2018 年 3 月国务院机构改革后，国家卫生健康委员会取代国家卫生和计划生育委员会，成为第二个食品安全信息公开的中央政府法律责任主体①。其内设机构“食品安全标准与监测评估司”和下属机构“国家食品安全风险评估中心”是食品安全信息公开的主要负责部门。它们的主要职责包括拟定食品安全国家标准，开展食品安全风险监测、评估和交流，承担新食品原料、食品添加剂新品种以及食品相关产品新品种的安全性审查。

在与国家市场监督管理总局的职能区分上，国家卫生健康委员会在食品安全信息公开方面的法律职责重点集中在三个领域：①拟定食品安全的各类国家标准，这是国家卫生健康委员会独有的食品安全风险治理职责。②负责食品安全风险评估工作，这项工作由国家卫生健康委员会下属机构——国家食品安全风险评估中心独立负责。当国家市场监督管理总局发现食品安全风险时，会建议国家卫生健康委员会进行风险评估。③会同国家市场监督管理总局制定和实施食品安全风险监测计划，当通过风险监测或投诉举报发现食品安全风险时，国家卫生健康委员会进行风险评估后向国家市场监督管理总局通报，由后者采取措施对不安全食品进行风险监管。

### 3. 海关总署

2018 年 3 月国务院机构改革后，海关总署取代国家质量技术监督检验检疫总局，成为第三个食品安全信息公开的中央政府法律责任主体②。其下设的

① 2018 年 3 月，根据第十三届全国人民代表大会第一次会议批准的国务院机构改革方案，设立中华人民共和国国家卫生健康委员会，不再保留国家卫生和计划生育委员会。

② 2018 年 3 月，根据第十三届全国人民代表大会第一次会议批准的国务院机构改革方案，原国家质量技术监督检验检疫总局中的出入境检验检疫职能划归海关总署，不再保留国家质量技术监督检验检疫总局。

进出口食品安全局依法承担进口食品企业的备案注册、进口食品的检验检疫、进口食品风险分析和紧急预防措施，并依据多双边协议承担出口食品相关工作。在食品安全风险治理方面，海关总署的职能主要体现在三个方面：①在国境卫生检疫、出入境动植物及其产品检验检疫过程中收集并分析食品安全风险信息，组织实施口岸处置措施，承担口岸突发公共卫生等应急事件的相关工作；②负责进口食品的检验检疫和风险管理，依据多双边协议实施出口食品相关工作；③组织进出口食品的贸易调查、市场调查和风险监测，建立相关的风险评估体系、风险监测预警制度和风险管理机制，实施海关信用管理和海关稽查。

在与国家市场监督管理总局的职能区分上，海关总署在食品安全信息公开方面的法律职责重点集中在以下三个领域：①海关总署主要负责进出口食品的食品安全风险信息公开，而国家市场监督管理总局则主要负责国内市场的食品安全风险信息公开。②海关总署的食品安全风险信息收集主要关注世界各国发生的食品安全风险事件。一旦境外存在可能对我国境内造成影响的食品安全风险，或在进口食品中发现严重的食品安全问题，海关总署将采取风险预警和风险管理措施，同时向国家市场监督管理总局通报，由国家市场监督管理总局在国内市场采取相应措施。③两部门共同建立进口食品缺陷信息通报和协作机制，海关总署在口岸检验监管中发现不合格或存在安全风险的进口食品后，依法实施技术处理、退运和销毁，并向国家市场监督管理总局通报；国家市场监督管理总局统一管理缺陷食品的召回工作，通过国内市场的消费者报告、事故调查和风险监测等渠道获知进口食品存在缺陷的，依法实施召回措施；对拒不履行召回义务的，国家市场监督管理总局向海关总署通报，由海关总署依法采取相应措施。

## 二、食品安全信息公开法律内容丰富

### （一）2018 年国务院机构改革之前

#### 1. 国家食品药品监督管理总局

国家食品药品监督管理总局在其官网上设置了曝光台、产品召回信息、警示信息、食品抽检信息、食品安全风险预警信息、公告通报、动态信息、公众查询和投诉举报等多个食品安全信息公开栏目。以 2014 年 6 月至 2015 年 7 月的统计为例，国家食品药品监督管理总局网站上的食品安全信息公开内容较为丰富，共计公开信息44项（见图4-1）①。

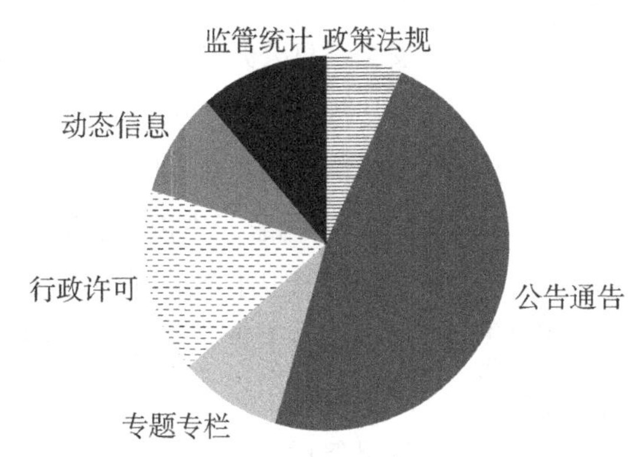


**图4-1 2014年6月—2015年7月国家食品药品监督管理总局官网食品安全信息公开情况**

具体内容包含：①政策法规类信息3项，例如《食品监督管理统计管理办法》《食品召回管理办法》等；②公告通报类信息21项，包括政策法规落实和解释的通知、具体食品品类管理办法的通知、具体食品品类监督抽检的结果等；③专题专栏类信息4项，例如中秋月饼安全消费提示、春节期间食品生产经营风险防范提示等；④行政许可类信息7项，例如食品行政处罚程序的说明、液态奶产品标签标示问题、保健食品注册检验和受理工作流程等；⑤动态类信息4项，例如夏季食品安全消费提示、食品安全国家标准查询平台开通、约谈火锅连锁企业等；⑥监管统计类信息5项，例如婴幼儿配方乳粉质量监管情况、食品安全监督抽检情况通报、政府信息公开情况等。

2. 农业部

农业部公布的食品安全信息主要包含四个方面：①农产品质量安全信息，定期发布农产品质量的例行监测结果信息；②农业生产加工方面的政策、法规、标准等，例如《农产品质量安全突发事件应急预案》《农业行政处罚案件信息公开办法》《食品中农药最大残留限量（GB2763-2014）》等；③行政审批信息，包括农药、兽药、种子、饲料、肥料等行政审批的数据库和综合信息查询平台；④农

① 尹世久、高杨、吴林海：《构建中国特色食品安全社会共治体系》，人民出版社2017年版，第132-135页。

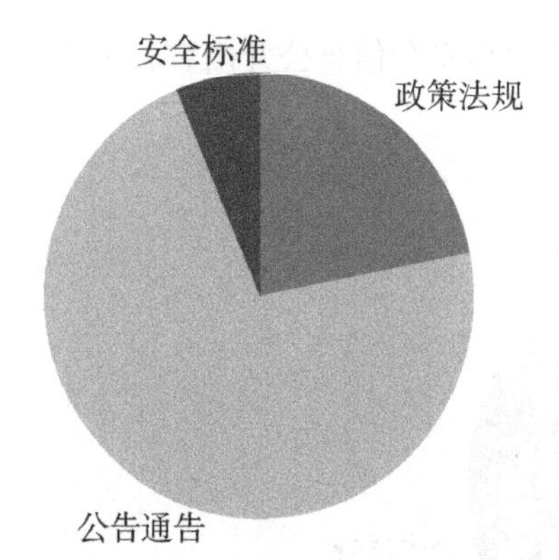


图 4-2 2014 年 6 月—2015 年 7 月农业部主要食品安全信息公开情况

业科研项目管理信息，包括项目的立项信息、研究成果、资金安排等。以 2014 年 6 月—2015 年 7 月的统计为例，农业部的主要食品安全信息公开共计 32 项（见图 4-2），其中政策法规类信息 7 项、公告通报类信息 23 项、安全标准类信息 2 项①。

3. 国家卫生和计划生育委员会

国家卫生和计划生育委员会公开的食品安全信息主要涉及食品安全标准、政策法规和定期监测结果等内容。以 2014 年 6 月—2015 年 7 月的统计为例，国家卫生和计划生育委员会的主要食品安全信息共计 16 项（见图 4-3）：①食品安全标准类信息 3 项，例如《食品安全地方标准制定及备案指南》《食品安全国家标准食品中镉的测定（GB5009.15-2004）》等；②公告通告类信息 13 项，包括食品安全重点工作任务规划、全国食品安全事件通报、食源性疾病监测管理、食品安全风险监测督查情况、各地方食品安全风险监测新闻、《中国居民营养与慢性病状况年度报告》等②。

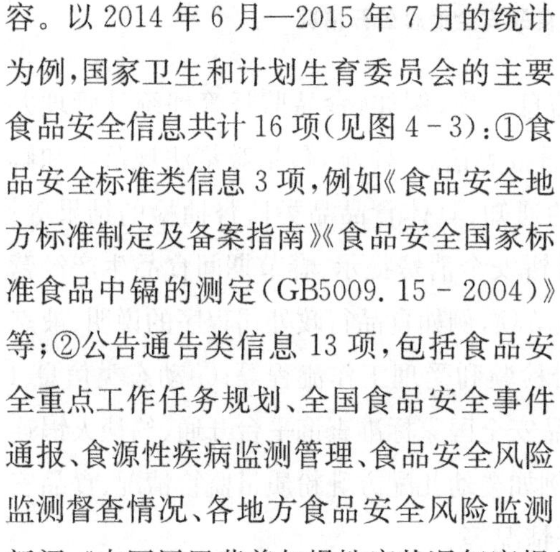

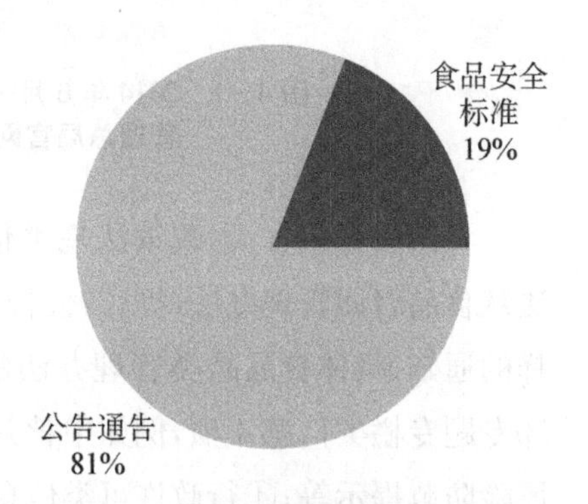


图 4-3 2014 年 6 月—2015 年 7 月国家卫生和计划生育委员会主要食品安全信息公开情况

## （二）2018 年国务院机构改革之后

1. 国家食品安全风险评估中心

目前，国家食品安全风险评估中心在风险评估信息公开领域的工作主要体

① 尹世久、高杨、吴林海：《构建中国特色食品安全社会共治体系》，人民出版社，2017 年，第 135-137 页。

② 尹世久、高杨、吴林海：《构建中国特色食品安全社会共治体系》，人民出版社，2017 年，第 138 页。

现为以下五个方面：

第一，食品安全标准。完备和科学的食品安全标准，是食品安全风险信息评估的基础。国家食品安全风险评估中心将食品安全标准方面的信息分为七个板块：①工作动态新闻信息，主要包括食品安全国家标准评审委员会在食品添加剂、食品新品种、微生物检验等领域的会议信息；②食品安全国家标准信息，包括各类型食品和食品添加剂标准制定和修改的征求意见稿，自 2012 年 3 月至 2023 年 12 月共计 42 项；③食品添加剂、食品相关产品和新食品原料行政许可的征求意见，包括各类型食品、新食品原料和食品添加剂行政许可标准的征求意见稿，自 2012 年 10 月至 2023 年 12 月共计 379 项；④进口无国标食品信息，包括进口尚无食品安全国家标准食品的标准申请和审查规范、特定品种的进口尚无食品安全国家标准食品的标准申请征求意见稿等；⑤国际食品法典信息，包括国际食品法典委员会、中国食品法典委员会、营养特膳法典、美国—亚洲食品法典委员会等相关研讨会信息；⑥WTO/SPS 通报与评议信息，主要包括 WTO 各成员在食品产品、食品添加剂、营养强化剂、新型食品等方面风险评估标准的实时通报与评议信息，自 2012 年 3 月至 2023 年 12 月共计 205 项；⑦地方标准信息[①]，此栏目目前仅有 2019 年 7 月的“国家卫生健康委办公厅关于进一步加强食品安全地方标准管理工作的通知”1 项信息。

同时，国家食品安全风险评估中心官网的“食品安全标准”板块还设立了食品安全国家标准立项建议征集系统、食品安全国家标准跟踪评价、食品安全国家标准征求意见、中国食品法典管理系统、食品安全标准管理信息系统、食品安全国家标准和地方标准检索平台等 6 个信息直达通道；并能直接链接至国际食品法典委员会(CAC)、美国食品药品监督管理局(FDA)、欧盟委员会(EC)、欧盟食品安全局(EFSA)、澳新食品标准局(FSANZ)、英国食品标准局(FSA)、日本厚生劳动省(MHLW)等 11 个全球各国和地区著名的政府食品安全监管机构官方网站。

第二，风险评估。国家食品安全风险评估中心网站的“风险评估”信息包括四个板块：①风险评估介绍信息，包括《食品安全风险评估应用系统综述的原则

---

① 具体的地方性食品安全标准，可在“食品安全标准”板块的“食品安全国家标准和地方标准检索平台”直达通道查询。

和方法》《食品中化学物健康指导值制定指南》《食品安全风险评估数据需求及采集要求》《食品安全风险评估报告撰写指南》《食品安全应急风险评估指南》《食品安全风险评估技术指南》《食品安全风险评估工作指南》《食品安全风险评估的定义》等，其中的《食品安全风险评估的定义》对食品安全风险评估的内涵进行了法律界定①；②风险评估动态信息，主要是中心的食品安全风险评估工作会议信息，自 2012 年 3 月至 2023 年 12 月共计 58 项；③风险评估报告信息，包括微生物、生物毒素、化学污染物、食品添加剂、食品相关产品、营养素等方面的风险评估报告，共 22 项；④国家食品安全风险评估专家委员会介绍信息，目前的专家委员会是国家卫生健康委于 2020 年 1 月 10 日成立的第二届评估委员会②。

第三，风险监测。食品安全风险监测是风险评估的前置程序。国家食品安全风险评估中心网站的“风险监测”信息包括三个板块：①工作动态信息，主要是中心食品安全风险监测工作的新闻信息，自 2012 年 3 月至 2019 年 9 月共计 82 项（之后没有更新）；②风险监测介绍信息，通过 2010 年《食品安全风险监测管理规定》对食品安全风险监测的内涵进行了法律界定③；③食源性疾病信息，包括食源性疾病的预防、常见食源性疾病介绍等，目前仅有 2016 年 1 月的 4 项信息。

第四，风险交流。食品安全风险交流是风险评估的后续程序。国家食品安全风险评估中心网站的“风险交流”信息包括四个板块：①工作动态信息，主要是中心与社会公众在食品安全信息交流方面的新闻信息，自 2012 年 3 月至 2018 年 8 月共计 50 项（之后没有更新）；②食品安全知识信息，包括各类型食品安全风险认知和健康营养知识，自 2012 年 3 月至 2023 年 12 月共计 480 项；③专家建议信息，包括食品安全专家对食品安全知识的介绍和解释，自 2013 年

---

① 食品安全风险评估，指对食品、食品添加剂中生物性、化学性和物理性危害对人体健康可能造成的不良影响所进行的科学评估，包括危害识别、危害特征描述、暴露评估、风险特征描述等。

② 根据食品安全法规定和风险评估工作需要，第二届评估委员会由来自全国大专院校、科研院所等技术机构的医学、农业、食品、营养、环境、生物等领域的 120 名专家组成。与第一届评估委员会设置不同的是，第二届评估委员会按照专业领域增设了四个专业委员会，包括：化学危害专业委员会、生物危害专业委员会、产品安全专业委员会和风险监测专业委员会。

③ 食品安全风险监测，是通过系统和持续地收集食源性疾病、食品污染以及食品中有害因素的监测数据及相关信息，并进行综合分析和及时通报的活动。

8 月至 2015 年 7 月共计 35 项(之后没有更新);④科研信息,包括各类型食品安全方面的前沿科学研究成果介绍,自 2013 年 8 月至 2023 年 12 月共计 50 项。

第五,应用营养。社会公众的应用营养知识是食品安全风险评估的重要辅助。国家食品安全风险评估中心网站的“应用营养”信息是全新的栏目,共包括五个版块:①工作动态信息,主要是中心在应用营养信息方面的新闻信息,自 2022 年 5 月至 2023 年 12 月共计 4 项;②营养标准信息,目前暂无;③营养评估信息,目前暂无;④消费量调查,目前暂无;⑤营养知识信息,主要包括全民营养周介绍、食品标签识别、特殊婴儿食品选购知识等,自 2022 年 5 月至 2023 年 12 月共计 11 项。

#### 2. 海关总署进出口食品安全局

针对进出口食品的食品安全风险信息公开,海关总署进出口食品安全局的工作主要体现为以下三个方面:

第一,工作信息公开。主要内容包含按月定期发布的全国未准许入境的食品信息统计名单,各国入境食品的检验检疫要求,以及各地实施的进口食品风险预防专项工作通报(例如“福州海关开展进口食品风险同步处置应急演练”“贵阳海关多形式多渠道开展食品安全宣传周活动”等)。

第二,政策法规信息公开。主要是以海关总署公告形式动态发布各国入境食品检验检疫要求。例如,2023 年 8 月 24 日发布的“海关总署公告 2023 年第 103 号(关于全面暂停进口日本水产品的公告)”、2023 年 9 月 15 日发布的“海关总署公告 2023 年第 117 号(关于出口越南乳品检验检疫要求的公告)”等。以 2023 年 2 月至 10 月期间为例,该类食品安全风险信息共发布 9 项。

第三,信息服务专栏。作为进出口食品安全信息公开的专栏,该板块共包含进口食品境外生产企业注册、符合评估审查要求及有传统贸易的国家或地区输华食品目录、进境食品检疫审批服务指南、主要贸易国家(地区)法律法规标准、进口食品安全风险预警、产品监管重要信息等 6 个项目的接入端口。“进口食品境外生产企业注册”包含注册管理系统操作演示、注册管理规定及其释义、注册名单等 3 个部分。截至 2023 年 10 月,“主要贸易国家(地区)法律法规标准”介绍了亚洲、欧洲、非洲、北美洲、南美洲、大洋洲共 40 个国家和地区关于食品的相关法律法规,以及欧盟、欧亚经济联盟、国际食品法典委员会等 3 个国际组织关于食品的相关标准。“产品监管重要信息”中目前主要涉及的食品品种有陆生动物源性食品、冷冻水果、食用植物油、蔬菜、粮食、干坚果、植物性调料粉、茶叶、乳品、水产品、其他预包装食品等。

## 三、食品安全信息公开法律程序完善

到2015年《食品安全法》修订颁布后，中央政府与地方政府相关的食品监督管理机构均根据各自的法律责任，建立了相应的食品安全信息公开平台。主要的食品安全信息公开平台，是政府门户网站设置的食品安全信息公开专栏或食品安全信息公开专网。平台以食品安全信息的公开依据、公开目录、公开指南、依申请公开和年度报告等信息公开子栏目，集中发布食品安全相关信息。

### （一）信息公开全程渠道较为通畅

信息公开是贯穿食品安全风险治理全过程的重要支撑机制。目前，我国的食品安全信息公开渠道在风险信息的收集、评估和交流等各环节都较为通畅。

#### 1. 食品安全风险信息收集渠道

食品安全风险信息收集是一项系统性、持续性、及时性的科学活动，主要目的是掌握区域性的食品安全状况和追踪食源性疾病的水平变化趋势，为食品安全风险评估提供科学依据。自2010年初步建成国家食品安全风险信息监测网络以来，我国各级食品安全风险信息监测网络建设不断优化完善。2013年实现了国家、省级、地市级监测点100%全覆盖，2014年建成了全国突发公共卫生事件网络直报系统。

同时，在国家层面食品安全风险监测报告制度的基础上，地方各级食品安全监督管理机构建立了有效的交流和通报机制。具体做法包括：①浙江、广东等省利用哨点医院信息系统（HIS系统）整合食源性疾病的信息采集；②浙江、湖南、广东等省通过专报、季报和“白皮书”等形式，将风险监测结果及时通报和交流给各食品安全风险监管部门；③浙江、云南、甘肃等省将食品安全风险监测纳入政府责任考核目标，规定基层政府机构负责协助食品安全风险监测样品采集和食源性疾病调查工作；④江西等省全程规范食品安全风险监测报告流程；⑤广东省开始探索借助社会力量建立食品安全风险监测合作实验室；⑥各地方都在校园内建立了实时动态食品安全监测点，开展食品溯源和风险评估；⑦四川、上海、北京等地纷纷针对特定地方性食源性疾病开展溯源管理监测;⑧湖南、广东等省探索对食品安全风险信息收集开展分级管理;⑨云南、湖北等省探索融合食品安全标准和食品安全风险监测体系。①

食品安全风险信息收集渠道的建立和完善,为各级政府食品安全监管机构进行有效的风险评估和风险监管提供了重要的科学依据和技术支撑。

### 2. 食品安全风险信息评估渠道

在食品安全风险信息收集渠道持续优化的基础上,我国食品安全风险信息评估渠道也在稳步推进,并取得了一定成效。例如,国家食品安全风险评估专家委员会在2012—2014年间,发布了丙烯酰胺、苏丹红、食盐加碘、反式脂肪酸、膳食铝暴露等共计5项公众高度关注的风险评估报告。

在农产品领域,以"菜篮子""米袋子"为中心的食品安全风险评估,主要针对在例行监测和行业普查中发现的问题品种、风险、地区和环节,采用专项、应急、验证、跟踪四种评估形式。其中,风险评估涉及的危害因子覆盖面广,包括农药、生物毒素、抗生素、重金属、持久性有机污染物、激素、病原微生物、塑化剂、营养质量因子等。截至2014年,农产品风险评估后形成的食品安全风险管控指南和技术规范达30多项②。

根据2016年11月国家卫生计生委发布的《食品安全标准与监测评估"十三五"规划(2016—2020年)》的指引,全国各地在食品安全风险监测和评估方面取得了重大进展。首先,"食品安全风险监测能力建设工程"不仅实现了对县级行政区的全面覆盖,还延伸至乡镇和农村地区。通过科学布局食品安全风险监测网络,结合地域特点和重点人群(婴幼儿、学生等)需求,实施分类监测,逐步消除食品安全风险监测的"死角"。其次,"食源性疾病监测报告和食品安全事故流行学调查能力建设工程"实现了国家食源性疾病报告的全面覆盖,包括县乡村级别,从而完善了食源性疾病暴发监测的溯源网络建设,实现了食源性疾病风险信息在地方各级主管机关间的互联互通。再次,省级食品安全行政主管机关根据食品安全风险治理的实际需求和形势研判,每年制订本地区食品安

---

① 尹世久、高杨、吴林海:《构建中国特色食品安全社会共治体系》,人民出版社,2017年,第157-158页。

② 尹世久、高杨、吴林海:《构建中国特色食品安全社会共治体系》,人民出版社,2017年,第160页。

全风险监测方案，科学调整监测项目，提升风险预警能力。最后，通过加强县级疾病预防控制机构风险监测实验室建设，推进地方食品安全风险监测能力，建立国家食源性致病微生物全基因组序列数据库和有毒动植物DNA条形码等数据采集和分析系统。

### 3. 食品安全风险信息交流渠道

在食品安全监督管理体制改革和政府职能转变的大背景下，伴随着食品安全风险信息收集和评估体系的建设，食品安全风险交流渠道的建设也在稳步推进。有效的食品安全风险信息交流，不但能够提升公众对食品消费信息的了解，还能增强社会对政府和企业对食品安全风险控制能力的信任。

1）食品安全风险预警机制

在国内食品消费市场中，2014年国家食品药品监督管理局在管理体系中纳入了预警体系，探索预警体系中的技术支撑和工作规范机制建设。同年，国家食品药品监督管理局在其官方网站设立了“食品安全风险预警交流”专栏，该专栏下设“食品安全风险解析”和“食品安全消费提示”两个板块。其中，“食品安全风险解析”主要涉及食品标准及食品安全事件的相关知识解读；而“食品安全消费提示”则提供了针对特殊时节的食品安全风险警示消息，例如“端午节粽子安全消费提示”“中秋节月饼安全消费提示”“预防野生毒蘑菇中毒消费提示”等。

在进出口食品消费市场的食品安全风险预警方面，2018年国务院机构改革后，由海关总署接替原国家质检总局承担了该职责。自原国家出入境检验检疫局起，进出口食品安全的风险信息交流渠道经过20余年的发展建设，不断优化风险信息数据监测的方法，已经形成了规范化的风险预警信息发布机制，信息公开程度较高。目前，我国进出口食品安全风险预警，主要体现为海关总署进出口商品安全局按月定期发布的“全国未准入境食品信息”。例如，在2023年9月，共有294个批次的进口食品在进口检验时因不符合食品安全国家标准或相关法律法规要求，被依法做退货或销毁处理。进口食品安全风险预警信息内容及时、准确、全面（见图4-4），包含HS编码、检验检疫编号、产品名称、产地、生产企业信息、进口商信息、进口商备案号、未准入境的原因以及进境口岸等，方便公众查询。

| 2023年9月未准入境的食品信息 | | | | | | | | | | |
|---|---|---|---|---|---|---|---|---|---|---|
| 序号 | HS编码 | 检验检疫编号 | 产品名称 | 产地 | 生产企业信息 | 进口商信息 | 进口商备案号 | 重量（千克） | 未准入境的事实 | 进境口岸 |
| 1 | 0307431000 | 350120231013011760 | 冻鱿鱼 | 印度尼西亚 | PT. SINAR SURYA ALAM | 广州亿佳润进出口有限公司 | 4421000748 | 20035.5 | 未获检验检疫准入 | 福州 |
| 2 | 0303899090 | 350120231013012584-1 | 冻刺鲳鱼 | 印度尼西亚 | PT.KARYA MINA PUTRA | 芜湖海中源进出口贸易有限责任公司 | 3419000076 | 27824.9 | 未获检验检疫准入 | 福州 |
| 3 | 0307431000 | 350120231013012592-1 | 冻墨鱼 | 印度尼西亚 | PT.MAHARANI ARTHA PRIMA | 霍尔果斯百朋进出口贸易有限公司 | 6522000072 | 3661.8 | 未获检验检疫准入 | 福州 |
| 4 | 0303899090 | 350120231013012638 | 冻红石斑鱼 | 印度尼西亚 | PT.MAHARANI ARTHA PRIMA | 福建弘畅锦进出口贸易有限公司 | 3501964A5J | 3770 | 未获检验检疫准入 | 福州 |
| 5 | 2202990099 | 351520231153001635-1 | 通天下百香果汁饮料 | 台湾地区 | 东乡食品股份有限公司 | 东莞市品洋品贸易有限公司 | 4417001667 | 18289.18 | 未获检验检疫准入 | 福州 |
| 6 | 2202990099 | 351520231153001635-2 | 通天下甘蔗汁饮料 | 台湾地区 | 东乡食品股份有限公司 | 东莞市品洋品贸易有限公司 | 4417001667 | 816.27 | 未获检验检疫准入 | 福州 |
| 7 | 2202990099 | 351520231153001635-3 | 通天下芒果汁饮料 | 台湾地区 | 东乡食品股份有限公司 | 东莞市品洋品贸易有限公司 | 4417001667 | 16668.47 | 未获检验检疫准入 | 福州 |
| 8 | 2202990099 | 351520231153001635-4 | 通天下番石榴汁饮料 | 台湾地区 | 东乡食品股份有限公司 | 东莞市品洋品贸易有限公司 | 4417001667 | 18703.23 | 未获检验检疫准入 | 福州 |
| 9 | 1902303000 | 220120231000272232-7 | 啦奇密牛肉味方便面 | 菲律宾 | Citifoods Industries | 广州船配商务有限公司 | 4420000573 | 237.6 | 标签不合格 | 广州 |
| 10 | 2202100090 | 510920231093002729-35 | MUG牌树根味碳酸饮料 | 美国 | New century Beverage company | 深圳西选商贸有限公司 | 4719000319 | 852 | 标签不合格 | 广州 |
| 11 | 1901200000 | 510920231093002729-8 | 贝蒂Bisquick奶酪蒜味饼干制作用粉 | 美国 | GENERAL MILLS SALES,INC | 深圳西选商贸有限公司 | 4719000319 | 94.608 | 违规使用化学物质磷酸铝钠 | 广州 |
| 12 | 1901200000 | 510920231093002729-9 | 贝蒂蓝莓松饼制作用粉 | 美国 | GENERAL MILLS SALES,INC | 深圳西选商贸有限公司 | 4719000319 | 79.488 | 违规使用化学物质磷酸铝钠 | 广州 |
| 13 | 0308219090 | 514120231413283019 | 冰鲜红海胆卵 | 加拿大 | OCEAN GATE FISHERY LTD. | 广州新邦货运代理有限公司 | 4420001092 | 3.52 | 未获检验检疫准入 | 广州 |
| 14 | 0306141000 | 515420231543003830-7 | 冻红星梭子蟹 | 巴基斯坦 | M/s. A.U FISHERIES | 佛山市鸿贸通供应链管理有限公司 | 4423000090 | 19448 | 未获检验检疫准入 | 广州 |
| 15 | 0801110000 | 515420231543006869-1 | 椰肉(蜜饯加工原料) | 越南 | TRABAC JOINT STOCK CORPORAYION | 泸州联讯供应链管理有限公司 | 5123000068 | 18500 | 1. 菌落总数超标；<br>2. 大肠菌群超标 | 广州 |
| 16 | 1605610090 | 516320231633011396-1 | 干海参（刺参） | 印度尼西亚 | CV. TIRTA SURYA SRI REJEKI | 珠海长明进出口贸易有限公司 | 4820000011 | 10200 | 货证不符 | 广州 |

图 4-4　海关总署公布 2023 年 9 月未准入境的食品信息截图(部分)

2）食品安全与营养公众教育

依据2016年《食品安全标准与监测评估"十三五"规划（2016—2020年）》的指引，县级以上行政主管机关在组织开展食品消费调查等风险评估工作的基础上，建立了基于疾病负担、预期寿命、膳食安全等因素为一体的国民健康定量综合评估模型，探索食品安全、食品营养与人群健康之间的内在联系和共性指标。在此基础上，结合《国民营养计划》开展食品安全风险治理咨询建议，将国家食品安全风险评估中心和各地方行政主管机关的食品安全风险监测数据分析结果，广泛运用于食品安全与营养的公众健康宣教中。

自2012年起，国家食品安全风险评估中心开始举办开放日活动，秉承以专业知识为支撑、以通俗简易化为路径，开展线下的公众食品安全与营养教育，帮助消费者和生产者了解食品安全领域的最新政策和变化。开放日活动以消费者关注度高的热点食品安全问题为主题，历年来涉及特殊医学用途配方食品、预包装特殊膳食食用食品标签、食品容器铝含量等领域①。此外，各地方市场监管局还以各种食品安全知识培训指导、技能竞赛等形式，帮助企业提升食品安全风险认知②。

最近十年，互联网成为食品安全与营养公众教育最高效、最便捷、最具影响力的平台。国家市场监督管理总局和各地方市场监管局，都在互联网上开展了多种形式的食品安全与营养公众教育活动。国家市场监管总局的微信公众号"市说新语"③自2018年4月注册以来，通过图文、视频等多种形式的推文向公众普及食品安全风险的相关知识。以2023年第三季度为例（见表4-1），"市说新语"共发布有关食品安全风险信息53次，其中面向消费者的有44次，面向企业的有15次。

**表4-1 2023年7—9月"市说新语"食品安全风险信息汇总④**

| 日期 | 信息公开内容 | 信息公开对象 |
| --- | --- | --- |
| 7月10日 | 《婴幼儿配方乳粉产品配方注册管理办法》解读 | 企业 |
| 7月10日 | 伏天饮食消费指南 | 消费者 |

① 参见国家食品安全风险评估中心网站新闻，www. cfsa. net. cn。

② 例如《安徽食品生产帮扶特派员助力"千企万坊"》，2023年9月23日，国家市场监管总局网站www. samr. gov. cn。

③ 2018年4月26日注册微信公众号"中国市场监管"，2019年12月1日改名"市说新语"。

④ 笔者根据"市说新语"公众号信息整理所得。

（续表）

| 日期 | 信息公开内容 | 信息公开对象 |
| --- | --- | --- |
| 7月12日 | 《食品经营许可和备案管理办法》解读 | 企业 |
| 7月15日 | 全国食品安全优秀典型案例 | 消费者 |
| 7月15日 | 2023年1—6月国内外产品召回信息 | 消费者 |
| 7月18日 | 关于米酵菌引发食物中毒的风险提示 | 消费者 |
| 7月22日 | 汛期饮食安全消费提示 | 消费者 |
| 7月22日 | 《食用农产品市场销售质量安全监督管理办法》解读 | 企业 |
| 7月26日 | 小麦粉的消费提示 | 消费者 |
| 7月27日 | 关于菜籽油的消费提示 | 消费者 |
| 7月28日 | 茶叶包装合规抽查细则 | 企业 |
| 7月28日 | 肉制品生产许可审查细则 | 企业 |
| 8月2日 | 肉制品生产许可审查细则 | 企业 |
| 8月2日 | 关于沙拉汁和沙拉酱的消费提示 | 消费者 |
| 8月2日 | 科学认识阿斯巴甜 | 消费者 |
| 8月2日 | 食品抽检不合格情况 | 消费者 |
| 8月3日 | 高温天气特殊食品风险防控 | 企业、消费者 |
| 8月4日 | 关于西瓜的消费提示 | 消费者 |
| 8月6日 | 洪水淹过的饮料不要喝 | 消费者 |
| 8月8日 | 关于椰子的消费提示 | 消费者 |
| 8月9日 | 使用微波炉加热食品对人体健康的影响 | 消费者 |
| 8月9日 | 汛期食品安全工作 | 企业、消费者 |
| 8月17日 | 益生菌的食品安全 | 消费者 |
| 8月18日 | 乳蛋白过敏 | 消费者 |
| 8月18日 | 食品安全抽检监测技能比武 | 消费者 |
| 8月21日 | 高钙奶 | 消费者 |
| 8月22日 | 益生菌 | 消费者 |

（续表）

| 日期 | 信息公开内容 | 信息公开对象 |
| --- | --- | --- |
| 8月22日 | 集中用餐单位食品安全专项治理 | 企业、消费者 |
| 8月23日 | 关于现制饮料的消费提示 | 消费者 |
| 8月25日 | 水产品食品安全监管 | 消费者 |
| 8月25日 | 中盐集团声明 | 消费者 |
| 8月25日 | 校园食品安全工作 | 企业、消费者 |
| 8月28日 | 保健食品 | 企业 |
| 8月31日 | 《允许保健食品声称的保健功能目录非营养补充剂》 | 企业、消费者 |
| 9月8日 | 食品安全工作调度会 | 消费者 |
| 9月10日 | 过敏、乳糖不耐受宝宝的配方乳粉购买指南 | 消费者 |
| 9月13日 | 特定全营养配方食品销售规则 | 企业 |
| 9月13日 | 国庆中秋期间食品安全工作 | 消费者 |
| 9月16日 | 食品安全社会共治经验:浙江 | 消费者 |
| 9月17日 | 食品安全社会共治经验:上海 | 消费者 |
| 9月18日 | 有机产品认证 | 消费者 |
| 9月18日 | 食品安全社会共治经验:辽宁 | 消费者 |
| 9月19日 | 食品安全社会共治经验:苏州 | 消费者 |
| 9月20日 | 食品安全社会共治经验:天津 | 消费者 |
| 9月21日 | 食品安全社会共治经验:北京 | 消费者 |
| 9月22日 | 生鲜食用农产品强制性国家标准 | 企业、消费者 |
| 9月22日 | 食品安全社会共治经验:湖南 | 消费者 |
| 9月23日 | 食品安全社会共治经验:四川 | 消费者 |
| 9月24日 | 食品安全社会共治经验:云南 | 消费者 |
| 9月25日 | 8月国内外产品召回 | 消费者 |
| 9月26日 | 国庆、中秋双节饮食安全消费提示 | 消费者 |
| 9月29日 | 吃蟹指南 | 消费者 |
| 9月29日 | 保健食品原料备案技术要求 | 企业 |

### (二) 信息透明度和规范度不断提升

当前,根据社会公众的多方反馈,各级政府食品安全监督管理机构在邮寄申请和在线申请两种形式的依申请食品安全信息公开方面,均能在规定时限内做出回复,渠道较为通畅。[①]

一方面,中央政府的食品安全监督管理机构在其门户网站上公开了本部门的行政审批事项清单,提供了申报条件、审批流程和审批依据等信息;另一方面,地方政府也在其门户网站和政务服务中心网站公示了行政审批事项清单,并设置了食品安全风险监管的在线办事栏目。这些信息公开法律程序的完善,使得食品安全风险监管的信息更加透明,也更方便公众参与到食品安全社会共治的过程中。从目前各级政府食品安全监督管理机构的政府门户网站上看,超过 90%的门户网站都设置了专门的政策法律法规解读专栏。政府食品安全监管机构及时发布和准确解读重要的食品安全政策法律法规,是培养社会公众和食品行业食品安全意识的坚实基础,亦是《食品安全法》中"社会共治"得以实现的前提条件。

根据《政府信息公开条例》的规定,政府部门应在每年 3 月 31 日前对社会公布上一年度的年度工作报告,接受公众的检验和监督。各级政府食品安全监督管理机构严格遵守这一信息公开时间的法律程序要求,都能在规定时间内发布自己的食品安全信息公开年度报告。报告内容翔实,列明了当年食品安全信息公开领域的主动公开、依申请公开、行政复议和行政诉讼等具体情况。

在食品安全风险治理中,食品企业违法行为的行政处罚信息是社会公众关注度极高的食品安全信息。公开食品安全行政处罚信息既是对食品安全监督管理机构的社会监督,也有助于提高食品行业相关利益主体遵纪守法的自觉性,培养全社会的食品安全风险意识和健康营养理念。目前,除了不具备食品安全违法行政处罚权限的监管部门外,政府各级食品安全监督管理机构均在其门户网站主动公开了全部或部分类别的食品安全违法行政处罚案件的信息。

---

① 尹世久、高杨、吴林海:《构建中国特色食品安全社会共治体系》,人民出版社,2017 年,第 141 页。

## 第三节　我国食品安全信息公开法制的新挑战

2015年修订完成的《食品安全法》第3条明确规定了食品安全工作风险管理和社会共治的原则，确立了我国食品安全信息公开的社会共治理念。目前，2019年的《政府信息公开条例》、2019年的《食品安全法实施条例》、2018年的《食品药品安全监管信息公开管理办法》，与《食品安全法》一起，共同构成了我国当前的食品安全信息公开法律制度。但究其具体的法律制度设定，依然呈现为一种单向的、应急性质的信息公开机制，在风险评估中缺乏真正的公众参与，使得“社会共治原则”的落地和实现面临现实困境。

### 一、信息公开法定路径的政府认知偏差

#### （一）法律规定

如前所述，2009年的《食品安全法》开始规范食品安全的信息发布，2015年修订后又增加了风险交流的内容。此后，《政府信息公开条例》《食品安全法实施条例》《食品药品安全监管信息公开管理办法》《食品安全标准管理办法》《食品安全信用信息管理办法》《食品药品监管总局关于做好食品安全抽检及信息发布工作的意见》《食品药品监管领域基层政务公开标准指引》等法规、规章和规范性文件，配合各地方政府的相关规定，具体细化了我国食品安全信息公开的法定渠道。

从现有的法律规则分析，食品安全信息公开的路径分为行政主管机关、新闻媒体、食品生产经营企业等三类渠道。第一类是行政主管部门主动公开相关信息，其公开路径包括政府主管部门的门户网站、社交媒体账号，以及基层社区组织的公示栏等。在《政府信息公开条例》和《食品药品安全监管信息公开管理办法》等法律规定中，都明确要求各食品安全监管部门应当加强信息化建设、利用官网主动发布食品安全信息（见表4-2）。其中，《食品药品安全监管信息公开管理办法》第13条还明确规定，没有政府网站的食品安全行政主管部门，应当在上级主管部门或者同级人民政府的政府网站公开信息。

表 4-2 行政主管机关的食品安全信息公开路径①

| 内容 | 公开渠道 | 公开方式 | 法律依据 |
|---|---|---|---|
| 食品生产经营许可 | 政府网站、政务服务中心 | 主动 | 食品安全法、政府信息公开条例、食品药品安全监管信息公开管理办法 |
| 食品生产经营监督检查、特殊食品生产经营监督检查、县级组织食品安全抽检 | 政府网站、国家企业信用信息公示系统 | 主动 | 食品安全法、政府信息公开条例、食品生产经营日常监督检查管理办法、食品药品安全监管信息公开管理办法 |
| 食品生产经营行政处罚 | 政府网站、国家企业信用信息公示系统 | 主动 | 政府信息公开条例、食品药品行政处罚案件信息公开实施细则、市场监督管理行政处罚程序暂行规定 |
| 食品安全消费提示警示、食品安全应急处置 | 政府网站、两微一端、社区/企事业单位/村公示栏 | 主动 | 政府信息公开条例 |
| 食品投诉举报 | 政府网站、两微一端、社区/企事业单位/村公示栏 | 主动 | 政府信息公开条例、食品药品投诉举报管理办法 |
| 食品安全宣传 | 政府网站、两微一端、社区/企事业单位/村公示栏 | 主动 | 政府信息公开条例 |

第二类为行政主管部门授权新闻媒体主动公开相关信息，包括报刊、广播、电视、互联网媒体等，以扩大公众对信息的知晓范围。根据《食品安全法》第 10 条的规定，新闻媒体承担食品安全宣传教育的法律义务，主要包括法律法规和食品安全标准的公益宣传以及对食品安全违法行为的舆论监督两个方面。

第三类食品生产经营者依法公示相关信息，主要是在店堂等实地场所以及网络经营主页上等。根据《食品安全法》第 4、44、48、55 条的规定，食品生产经营者作为食品安全的第一负责人，应当向社会公布其食品生产经营过程中涉及的食品安全信息，例如从业人员监督管理情况、食品安全认证结果等，餐饮服务者还应提倡公开加工过程，并公示食品原料及来源信息。此外，第 63 条还规定

① 综合浙江省食药监印发的《食品药品安全信息发布管理办法》(浙食药监规〔2015〕20 号)、《食品药品安全信息发布流程规则》(浙食药监规〔2015〕67 号)整理所得。

了食品生产经营者在食品出现不符合食品安全标准或有证据证明可能危害人体健康时所承担的召回义务，包括及时通知消费者和主动报告行政主管部门等。

同时，《食品生产经营监督检查管理办法》（国家市场监督管理总局令第 49 号）规定，如果检查结果对消费者有重要影响，食品生产经营者应在醒目位置张贴或公示，并在有条件的情况下通过电子屏幕等信息化方式向消费者展示监督检查结果。自 2023 年 3 月 1 日起施行的《食品相关产品质量安全监督管理暂行办法》（国家市场监督管理总局令第 62 号）进一步明确了食品标签信息应当清晰、真实、准确，并鼓励（不是强制）食品生产者向社会公示食品相关信息，在有条件的情况下，可以以电子信息、追溯信息码等方式进行公示。而自 2022 年 11 月 1 日起施行的《企业落实食品安全主体责任监督管理规定》（国家市场监督管理总局令第 60 号），重点强调了食品生产经营企业在从业人员健康管理、生产经营过程控制、追溯体系建设、投诉举报处理等方面的食品安全风险治理法律责任要求。然而，该规定未对食品安全信息公开方面作出单独的规定。

**（二）使用现状**

从具体的使用情况来看，在上述三种食品安全信息公开的法定路径中，第一类行政主管机关路径的利用率最高，例如，国家市场监管总局和各地方市场监管局通过其门户网站的“通报通告”栏目公开食品抽检信息，各级市场监管局的微信公众号、微博账号，以及基层社区组织的微信公众号①等渠道进行信息发布。同时，国家企业信用信息公示系统和中国市场监管行政处罚文书网的运行，标志着食品安全信息全国统一平台已初步成型。然而，在各官方路径中，除了市场监管部门自己的门户网站更新较为及时外，其他渠道普遍存在信息更新滞后的问题。例如，国家食品安全风险评估中心网站的“风险监测”的工作动态信息板块（2019 年 9 月之后无更新）、“风险交流”的工作动态信息板块（2018 年 8 月之后无更新）、“风险交流”的专家建议信息（2015 年 7 月之后无更新）。

① 例如微信公众号“文新发布”（浙江省杭州市西湖区文新街道）：《关注食品安全！文新街道最新一期餐饮服务单位红黑榜出炉》，2023 年 3 月 30 日。

第二类新闻媒体路径的实际利用率相对较低。以浙江省杭州市的两家主流新闻媒体《杭州日报》和《都市快报》为例，通过其微信公众号对 2023 年 7—12 月期间的食品安全信息公开的具体情况进行统计（见表 4-3）。可以发现，与“杭州市市场监督管理局”“浙里好市监”等当地食品安全行政主管机关的官方微信公众号相比，新闻媒体对于一般性食品安全违法行为的关注度较低，该类路径中公开的食品安全信息主要集中在营养健康知识和食品消费提醒等方面，通常基于新闻热点价值进行报道。

**表 4-3 2023 年 7—12 月《杭州日报》《都市快报》的食品安全信息公开情况（微信公众号）**

| 时间 | 内容 | 类型 | 阅读量/人次 | 媒体 | 来源 |
|---|---|---|---|---|---|
| 7 月 3 日 | 菠萝食用中毒 | 消费提醒 | 1.7 万 | 杭州日报 | 浙大一院 |
| 7 月 3 日 | 菠萝食用中毒 | 消费提醒 | 1.4 万 | 都市快报 | 原创 |
| 7 月 14 日 | 阿巴斯甜可能致癌 | 消费提醒 | 2.9 万 | 都市快报 | 世界卫生组织 |
| 7 月 14 日 | 阿巴斯甜可能致癌 | 消费提醒 | 4.4 万 | 杭州日报 | 世界卫生组织 |
| 7 月 17 日 | ShakeShack 使用过期食材 | 行政处罚 | 5.9 万 | 杭州日报 | ShakeShack 微博 |
| 7 月 26 日 | 钩吻中毒 | 营养健康知识 | 6.4 万 | 杭州日报 | 广东卫健委 |
| 8 月 5 日 | 洪水污染饮料别喝 | 消费提醒 | 4.2 万 | 杭州日报 | 央视新闻 |
| 8 月 7 日 | 张亮麻辣烫猪鸭肉冒充羊肉 | 消费提醒 | 5.5 万 | 杭州日报 | 张亮麻辣烫 微博 |
| 8 月 10 日 | 汛期污染食品召回 | 消费提醒 | 1.7 万 | 杭州日报 | 国家市场监管总局 |
| 8 月 24 日 | 全面暂停进口日本水产品 | 消费提醒 | 8.1 万 | 都市快报 | 海关总署 |
| 8 月 24 日 | 不用囤盐 | 消费提醒 | 10 万＋ | 杭州日报 | 浙盐集团 |
| 8 月 24 日 | 不用囤盐 | 消费提醒 | 10 万＋ | 都市快报 | 浙盐集团 |
| 8 月 25 日 | 售卖日本进口食品被罚 | 消费提醒 | 4.3 万 | 杭州日报 | 北京日报 |
| 9 月 2 日 | 附片炖鸡中毒 | 营养健康知识 | 10 万＋ | 都市快报 | 原创 |
| 9 月 9 日 | 高校食堂以次充好 | 行政处罚 | 2.4 万 | 杭州日报 | 央广网 |

（续表）

| 时间 | 内容 | 类型 | 阅读量/人次 | 媒体 | 来源 |
|---|---|---|---|---|---|
| 10月14日 | 糖炒栗子爆炸 | 营养健康知识 | 2.7万 | 杭州日报 | 杭州市卫健委 |
| 11月8日 | 区分板栗和马栗 | 营养健康知识 | 1.8万 | 杭州日报 | 新民晚报 |
| 11月12日 | 食堂可疑物 | 行政处罚 | 3万 | 杭州日报 | 怀化新闻 |
| 11月13日 | 海鱼发绿光 | 消费提醒 | 2.4万 | 杭州日报 | 上游新闻 |
| 11月13日 | 奶茶违规添加违禁药品 | 行政处罚 | 5.5万 | 杭州日报 | 常州市场监管 |
| 11月19日 | 山楂板栗不能同食 | 营养健康知识 | 6.5万 | 杭州日报 | 人民网 |
| 11月19日 | 咸菜亚硝酸盐 | 营养健康知识 | 6万 | 杭州日报 | 杭州市卫健委 |
| 11月27日 | 白地瓜种子中毒 | 营养健康知识 | 3.5万 | 杭州日报 | 杭州市卫健委 |
| 11月29日 | 火锅店老鼠 | 行政处罚 | 6.7万 | 都市快报 | 乐清市场监管局 |
| 12月2日 | 笋干食用过量 | 营养健康知识 | 10万+ | 杭州日报 | 杭州市卫健委 |
| 12月4日 | 食堂发现老鼠 | 行政处罚 | 1.6万 | 杭州日报 | 人民日报 |
| 12月5日 | 养生茶违规添加化学药物 | 食品安全刑事案件 | 6.7万 | 杭州日报 | 央视财经 |
| 12月8日 | 咖啡致癌物 | 消费提醒 | 2.6万 | 杭州日报 | 福建消保委 |
| 12月9日 | 咖啡致癌物 | 消费提醒 | 6377 | 都市快报 | 福建消保委 |
| 12月20日 | 木薯糖水中毒 | 营养健康知识 | 8.6万 | 都市快报 | 原创 |
| 12月21日 | 木薯糖水中毒 | 营养健康知识 | 1.5万 | 杭州日报 | 都市快报 |

第三类食品生产经营者路径，依据《食品安全法》《食品安全法实施条例》《食品生产经营监督检查管理办法》《食品相关产品质量安全监督管理暂行办法》等法律法规的规定，食品安全信息公开贯穿于食品生产经营者依法履行食品安全第一责任人法定义务的全过程。在许多法律法规鼓励食品生产经营者进行公示的食品安全信息环节，这一要求也得到了广泛的实现。例如，杭州市的多个菜场利用电子屏幕对经营者的食品安全违法行为进行公示，浙江省利用“浙食链”和“浙冷链”等网络信息化手段，为食品安全信息公开的第三类路径进

行数字赋能等。

### （三）实际效果

对比当前三类食品安全信息公开的法定路径，其实际效果并未达到立法设定的预期目标。社会调查①数据显示，在社会公众对目前所有食品安全信息公开渠道的选择比例中，政府主管部门的官方渠道所占比例并不理想。行政主管机关利用率最高的政府门户网站在实际应用中，为公众所信任和接受的程度并不高，仅占50%；相比之下，选择杭州日报、都市快报等主流媒体的约占40%，而非官方渠道的认可度和接受度却超过60%。以国务院食品安全委员会的官方微博账号“食安中国”为例，截至2023年底，该账号仅有1 248个的粉丝、5个关注和57个转评赞。对比各路径微信公众号中食品安全信息相关内容的阅读量（见表4-3），如国家市场监管总局的“市说新语”和浙江省市场监督管理局的“浙里好市监”等行政主管机关的公众号阅读量基本不过万，而杭州日报、都市快报等新闻媒体的相关信息阅读量则基本都能过万，受众群体单从数量上就呈现明显差异。

这一结果表明，社会公众在获取食品安全信息的路径上面临障碍，大多数人不知道、不愿意或难以通过官方路径获取相关信息。对比食品安全信息公开的法定路径的制度设定与实践效果，可以发现，政府主管部门所认为有效的信息公开路径在现实中公众的知晓度却很低。这当中的偏差可能严重影响食品安全信息公开风险评估的有效性。

## 二、风险评估法律主体的制度选择错位

### （一）法律规定

根据《食品安全法》的规定，我国卫生行政部门、市场监督管理部门、农业行政部门、海关等行政主管机关是我国食品安全信息公开中的风险评估法律主体（见图4-5）。

根据《食品安全法》第6条和第20条的规定，食品安全信息公开应当建立健全“信息共享机制”，省级以上人民政府的卫生行政、农业行政部门应当及时

① 本书第二章第三节。

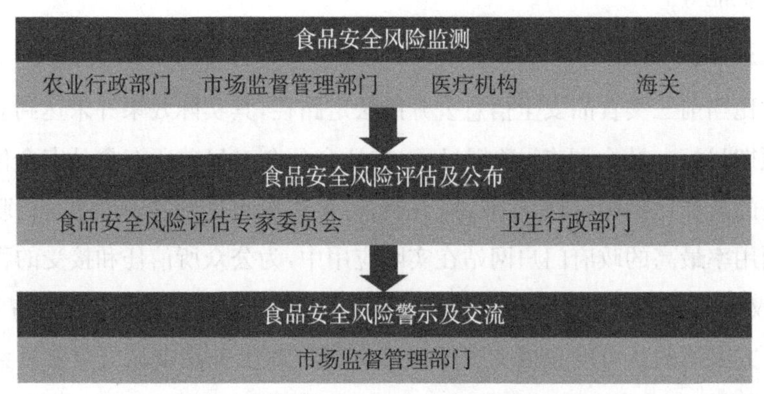


**图 4-5 食品安全信息公开风险评估法律主体**

相互通报食品安全的风险监测信息和风险评估结果，县级以上人民政府负责其行政区划内的食品安全信息共享。同时，省级市场监督管理部门负责辖区内食品安全信息平台的建设、管理和数据维护，实现信息的互联互通和共享。

按照食品安全信息“谁组织、谁发布、谁负责”的风险治理模式，地方各级市场监督管理部门作为主要的食品安全监测单位，须遵循全面、及时、准确、客观、公正的原则，通过信息化渠道采集和公布辖区内的食品安全信息。这些部门还应当建立食品安全信息公开清单，清单应包括公开事项、具体内容、公开时限和公开部门等，并及时更新以接受社会监督。食品安全信息的发布程序包含信息收集与录入、信息审核、信息发布和信息平台管理等环节。其中，食品抽验信息应随时发布，行政许可和行政处罚等信息应在送达之日起的 7 个工作日内公开，但在特殊情况下可延长至 20 个工作日。

各省、自治区和直辖市的食品安全监督管理机构，是各地方政府负责食品安全信息公开的主要法律责任主体。自 2014 年 7 月地方食品监督管理体制改革以来，虽然没有参照当时国务院的机构改革模式成立食品药品监督管理局，而是采取了将工商、质量技术监督等市场监管部门合并成一个市场监督管理局的模式①。但这一统一市场监管模式下，各级市场监督管理局依然成为地方政府层面的食品安全信息公开的法律责任主体。这一改革在控制食品安全管理

① 此轮地方食药监管体制改革在深圳、浙江、天津、辽宁、吉林、上海浦东新区、重庆两江新区、武汉东湖新区等地相继实施。

的行政机构数量、平衡行政主管机关权责，以及避免职权交叉带来的推诿扯皮等方面取得了一定成效。然而，在食品安全信息公开领域，省级市场监管局作为法律责任主体的主动性和深入性，因为机构设置的纵向性而面临着一定的挑战①。

**(二) 实际效果**

食品安全的风险评估中存在诸多不确定性，这种不确定性引发了“风险的主观性”，即不同群体对风险的认知及相应的行动方案存在差异。因此，食品安全风险评估是一个充满价值冲突的过程，选择合适的风险评估法律主体至关重要。然而，在这个充满争议且关系到自身切身利益的评估过程中，根据目前食品安全信息公开风险评估法律主体的设定，消费者作为食品安全风险最终的承受主体，却在食品安全信息公开风险评估的大部分环节中游离在外，仅在风险交流环节被认定为法律主体之一。

一方面，社会公众对食品安全信息风险评估过程的参与度过低，导致其在面对实际的食品安全风险时，往往因为缺乏专业知识和合理的心理预期，而表现出强烈的不安倾向。另一方面，政府主管机关作为目前食品安全信息公开风险评估的主要法律主体，在面对食品安全信息何时公开、如何公开、对谁公开等具体问题时，由于缺乏对社会公众在食品安全信息领域真实预期的了解和把握，陷入了提升公信力“吃力不讨好”的困境。以浙江省市场监督管理局网站为例，食品安全信息的法定主动公开部分包含“三小”(食品小作坊、小餐饮店、小食杂店)、食品抽检、食品消费提示、违法行为查处结果、工作计划等内容。然而，社会调查显示②，公众对目前食品安全信息公开关注的重点依次为程序设置、信息内容和公开渠道。相比于食品安全风险评估的结果，公众更关心的是风险评估的过程和依据。据此，政府食品安全信息公开的内容和方法，与社会公众真实需求之间存在明显的不对称，未能做到“有的放矢”。

因此，食品安全风险评估中迫切需要建立“消解行政主导的评估模式”，加强社会公众作为风险评估法律主体的环节设定，构建一个真正的食品安全风险多元共治评估主体体系。在此基础上，聚焦公众关注的食品安全信息公开法定

① 详见本章第二节。

② 详见本书第二章第三节。

程序及内容等核心问题,建构一个能够切实关注公众需求和感受的食品安全信息公开风险评估模式。这种转型不仅有助于提升食品安全信息公开的透明度和公信力,也能有效增进社会公众对食品安全风险的理解。

也正是认识到这个问题,全国的市场监督管理部门自2021年开始开展了“你点我检”活动。主管机关利用线上、线下方式邀请消费者参与,鼓励他们把关心的食品“点出来”,聚焦重点人群(如儿童)、重点品种、重点场所(如学校食堂)以及重要节日等,征集消费者关心的食品品种、检验项目和抽样场所等信息,深入了解民意。以浙江省为例,市场监管部门定期在菜市场、学校食堂等重要场所设立固定的食品安全监测“点检”处。公众可以通过“浙里办”App或支付宝上的“浙里点检”功能,进行线上查询食品信息、拍照送检关注食品,并查看过往抽检的公示结果。这项活动的目的非常明确:以食品检验检测为切入点,探索和创新消费者作为食品安全信息公开风险评估法律主体的可能性。

然而,在行政主管机关努力加大食品安全信息公开风险评估的公众参与程度之后,消费者对食品安全信息的信任度为什么没有得到显著提升呢?

## 三、风险评估法律内容的公众理性缺位

### (一) 法律规定

食品安全信息公开的“社会共治”原则在《食品安全法》中地位明确,第9条明确了行业协会和消费者协会在食品安全的信息服务、知识宣传普及以及违法行为监督的法律责任;第10条规定了新闻媒体在食品安全公益宣传和违法行为监督中的法律责任;第12条赋予了公众举报食品安全违法行为和了解食品安全信息的权利。

根据《政府信息公开条例》《食品药品安全监管信息公开管理办法》等规定,食品安全信息公开的范围包括以下内容:①行政审批信息,如食品审批服务指南、产品注册证书、标签样稿、生产经营许可证等;②备案信息,如食品备案日期、备案企业、备案号等;③监督检查结果,如日常监督检查和飞行检查中的抽检单位、产品批号、检验依据、检验结果等信息,在公布不合格食品时应进行高风险、较高风险和一般风险的解读,并同时发布新闻稿进行消费风险提示;④行政处罚信息,如案件名称、处罚决定书、违法事实、处罚种类和依据、履行方式和

期限等信息；⑤食品召回信息，如产品名称和批号、生产者信息、召回原因、起始时间等信息；⑥统计信息，各省级市场监督管理部门应建立食品抽检数据统计制度，每月定期向社会公布上月汇总分析情况。

可以说，这一范围基本涵盖了公众对食品安全最为关心领域的信息。除此之外，各法律法规还明确强调必须重视社会公众对食品安全信息公开的反馈。例如，《食品相关产品质量安全监督管理暂行办法》的第31条规定，除了生产许可、监督抽查、监督检查和风险监测中的信息之外，食品安全信息还应包含行业协会和消费者协会、企业和消费者反映的信息，以及舆情反映的信息。《食品药品安全监管信息公开管理办法》①也对食品安全信息公开提出了公众参与的具体要求：①政府主管部门应积极听取社会公众对食品安全信息公开的意见和建议，鼓励通过第三方评估和公众满意度调查等方式了解食品安全信息公开工作的实效；②政府主管部门应建立舆情收集和回应机制，通过多种方式开展食品安全信息公开的政策解读，并及时回应社会的关注；③政府主管部门应主动向消费者和社会推送并提供食品安全信息查询服务，查询期限原则上为二年。

### (二) 实际效果

社会公众对食品安全风险的认知过程分为信息收集、信息解读、信息输出和信息反馈四个阶段。在这四个阶段，尤其是在信息反馈阶段，社会公众作为风险的最终承担者，有资格且有必要要求法律责任主体对风险信息进行公开、透明和有效的传递。一方面，它将促进公众理性的达成，使其在认知风险、矫正偏见和理解客观事实的基础上形成平衡判断；另一方面，它又能全面展现公众的认知偏好，使专家能够以更加通俗易懂、生动鲜活的方式传递风险知识。因此，食品安全领域公众理性的培育应当成为食品安全信息公开风险评估的重要考核指标。

从目前的法律设置和具体操作来看，我国食品安全信息公开风险评估中的公众参与并不是缺乏，而是偏离了制度最初设定的目的。首先，地方各级市场监督管理局在食品安全信息公开的风险评估中，普遍开展了各种消费者满意度调查，但其中不少评估目标往往与地方竞争力和政府政绩挂钩。当食品安全风

① 《食品药品安全监管信息公开管理办法》第14、15条，《浙江省食品药品监督管理局食品药品安全信息发布管理办法》第12、16条。

险评估俨然成为一场“运动”时，便不可避免地出现指标内容表征主义、功能定位考核主义、评估方法量化主义、程序设置事后主义、立场选择旁观主义等局限性。这些问题导致了现今的食品安全风险评估出现了“评估泡沫”，使风险评估目标定位的考核导向虚空，从而影响了食品安全风险治理的实际效果。

其次，在食品安全信息公开风险评估中，能够促成公众理性认知的食品安全知识的普及，并未达到预期效果。例如，消费者在日常食品消费中最需关注的“食品安全消费提示”等风险警示消息，主要通过行政主管机关的法定路径发布，忽略了更大受众群体的新闻媒体路径。此外，国家食品安全风险评估中心网站上的健康营养知识更新缓慢①，未能有效促进消费者科学食品消费理念的形成。

最后，在公众关注的重大食品安全事件发生时，法定渠道的公开力度、范围和速度，往往未能匹配上公众的合理诉求。例如，2023 年 6 月江西职业技术学院食堂的“指鼠为鸭”事件②，由于当地市场监督管理部门食品安全监测的不合规、信息公开的不严谨，严重损害了政府主管部门在食品安全风险治理中的社会公信力。在新媒体快速发展的今天，食品安全作为网络流量巨大的信息议题，极易引发社会公众的高度关注。一次食品安全信息公开风险治理的失误，不仅仅影响消费行为，还对整个行业的健康发展产生了负面影响。

因此，在互联网时代的数字经济模式下，食品安全风险治理中所涉及的信息公开，不仅应该让社会公众看得到、听得懂，更应设立便捷有效的反馈通道以便进行监督。只有这样，过去孤立、被动的食品安全信息公开制度，才能向双向、互动的风险治理模式转变，树立食品安全行政主管机关的消费者信任感，从而真正实现食品安全风险治理的社会共治。

---

① 详见本章第二节。

② 2023 年 6 月，某地学生在学校食堂用餐过程中吃出了怀疑是“鼠头”的异物，投诉后送检当地市场监督管理局。市场监督管理局某分局局长在新闻媒体进行食品安全信息公开时明确表示，经过反复对比确认异物是鸭脖而非鼠头。事件由此在网络发酵，一些动物专家根据照片分析认为异物应该是啮齿动物的头部，质疑调查结果的准确性。联合调查组在多方调查后发现送检的样本并非最初学生发现的异物，确认之前发布的“异物为鸭脖”的结论是错误的。

# 第五章
# 食品安全信息公开与公众风险理性培育

根据我国目前食品安全的法律法规和相关政策，食品安全风险治理中的信息公开方式主要有行政主管机关主动公开、行政主管机关授权新闻媒体公开、食品生产经营者依法公示等三种方式。如前文所述，这三种食品安全风险信息公开方式面临着法定路径设定认知偏差、风险评估法律主体选择错位、风险评估内容中公众理性缺位等问题。因此，分析当前食品安全信息公开“信任危机”的原因，寻求我国食品安全信息公开风险治理的合理路径，是我国食品安全风险治理的重要挑战。

## 第一节　食品安全信息公开“信任危机”探因

### 一、风险信息的公开路径与获取渠道间不对称

#### （一）新媒体的特质夸大了食品安全的风险感知

在互联网新媒体高速发展的今天，食品安全已成为网络媒体中流量聚集的重要信息主题之一。食品安全问题一经曝光便会引发社会公众的高度关注，消费者最直接的反应就是短期内不购买被曝光企业的产品，转而选择信任的其他品牌或可替代品等。同时，相关舆情的处理结果不但影响公众对政府食品安全风险治理水平的信心，更会影响长期的消费行为，甚至影响食品行业的健康发展。对消费者来说，2008 年的三聚氰胺婴幼儿配方奶粉事件依然历历在目，

2023年某地学校食堂“指鼠为鸭”事件更是记忆犹新。这些事件的舆论发酵后，即便事后行政主管机关对违法者和责任人员进行了严厉的处罚，对相关食品行业进行了长期严格的整改，但在食品安全信息公开不对称的风险治理模式下，公众在网络环境中不断接受夸大的风险信息，放大了对食品安全风险的感知，使得重拾食品安全的信心、重塑食品安全风险治理的公信力，变得困难重重。

#### 1. 信息的即时性造成公众理解偏差

信息技术革命中诞生的新媒体，具有信息传播碎片化、瞬间性、海量性、个性化、开放性、互动性等特质。随着手机媒介的逐渐普及，新媒体的这些特质满足了人们在现代快节奏社会生活中的信息需求，成为人们获取食品安全信息的主要来源。在数字技术的优势下，它不再像传统媒体发布消息那样，受时间、空间、语言、民情等因素的限制，信息传播的速度提升到了一个全新的高度。也正是由于信息传播的即时性，属性复杂的食品安全风险信息在没有完整、客观评估的情况下，被以极快的速度大范围传播，受众在信息理解上的偏差就在所难免。

#### 2. 信息的流量性夸大社会负面影响

食品是每个人每天都必须接触的，食品安全风险的易感人群通常又是婴幼儿、老人等弱体质人群，因此人们对食品风险的容忍度很低，食品安全风险信息便自带较强的“激惹性”①。而社会经济发展和科技水平进步过程中带来的食品行业新材料、新工艺、新技术，使得食品安全领域出现了更大的风险可能性。敏感性和高风险，使得食品安全信息的网络流量属性特别明显。于是，低门槛的网络自媒体尤其钟爱自带巨大流量的食品安全话题。这些无处不在、无时不在、真假难辨、误导营销氛围的食品安全信息不断扩大公众对食品安全风险的感知，社会负面影响也随之被夸大。

### （二）法律设定的信息公开路径公众认知度低

#### 1. 公众获取食品安全信息的网络渠道更多元化

对社会公众而言，网络是当前食品安全信息传播中最便捷、最有效的渠道之一。互联网时代为个体的自我认同提供了全新的互动环境和途径，全面且深

① 余硕：《新媒体环境下的食品安全风险交流：理论探讨与实践研究》，武汉大学出版社，2017年，第159页。

刻地改变了人们获取信息的方式。面对海量的信息和多元的传播渠道，公众可以根据自己的兴趣进行搜索、上传和互动，不受时间和空间的限制，目的性更强、选择更多元。社会各主体利用互联网平台，发布和传播法律职责规定的、自己关注的、与自身利益相关的食品安全风险信息，是对食品安全风险治理的看法、态度、认知和情感的综合体现。在此情境下，社会公众不但是食品安全信息的接收者，同时也可以是信息的生产者。各类网络平台的自媒体成为食品安全信息传播的主力军，公众获取食品安全信息的网络渠道更加多元化，但信息的真实性却难以保证。因此，在鼓励多元化的网络食品安全信息渠道参与风险治理的同时，还需要正向引导和推动有效的监督管理，这成为食品安全信息公开路径法律完善的新课题。

### 2. 公众从法定路径获得食品安全信息存在障碍

消费者通过网络传播的食品安全信息感知食品安全风险，评估食品危害发生的可能性及其对健康的影响程度。大多数学者都认同，由于风险感知具有主观性，食品安全信息在互联网传播中的公开路径的受信任程度，会较大程度地影响消费者对食品安全风险的感知[①]。在本书进行的公众随机问卷调查中，我们发现，受访者对食品安全信息公开各网络渠道的信任度依次为政府官方网站、主流媒体、各平台自媒体，而选择获取信息的优先排序则是各平台自媒体、主流媒体、政府官方网站[②]。对比我国目前食品安全的法律法规和相关政策中食品安全信息公开的法定路径，行政主管机关主动公开的信息与行政主管机关授权新闻媒体公开的信息呈现出完全不同的排序（见表 5－1）。

**表 5－1 食品安全信息公开网络渠道的对比分析**

| 信息公开平台 | 立法设定排序 | 公众信任度排序 | 公众选择排序 |
| --- | --- | --- | --- |
| 行政机关“两微一端”主动公开 | 1 | 1 | 3 |
| 行政主管机关授权主流新闻媒体 | 2 | 2 | 2 |
| 各平台自媒体 | 无 | 3 | 1 |

① 尹世久、高杨、吴林海：《构建中国特色食品安全社会共治体系》，人民出版社，2017 年，第 168－182 页。

② 详情见本书第二章。

因此，当前社会公众从法定路径获取食品安全信息时存在障碍。基于网络自媒体的良莠不齐以及政府公信力的社会认可度，大多数人更倾向于相信行政主管部门官方渠道发布的食品安全风险信息。然而，实际选择中，官方渠道的排名却靠后。这在一定程度上反映了法定信息公开路径存在公众知晓度较低、与公众的食品安全信息需求匹配度不高等问题。

## 二、信息公开主体与信息受众间缺乏常态互动

### （一）应急模式中信息公开主体风险意识不足

在网络信息时代，面对"快速反应"的诉求，食品安全行政主管机关在信息公开中的传统工作思维和工作方式不断遭遇"滑铁卢"。例如，2023 年 6 月某地学校食堂的"指鼠为鸭"事件[①]。一方面，当食品安全事件发生时，许多地方政府部门仍习惯于采用传统的单向信息传播模式，这种模式在现代媒体环境中显得捉襟见肘。许多部门对当前媒体环境和公众期望缺乏了解，不知道如何有效沟通和回应。另一方面，政府信息公开中的行政问责制度又让各级主管部门十分谨慎，担心被媒体过度解读，过于追求稳妥，导致在舆情暴发时迟迟不敢发声，从而错过了最佳处理时机，导致矛盾升级。更有甚者，违背网络时代信息传播的即时性特征，仍然依靠强制行政手段控制舆论以期平息事态，希望通过"瞒"和"堵"来解决问题，使得主管机关在网络环境中失去了话语权和处理时机。

这些沉默、回避、答非所问的食品安全信息公开方式，多是由于信息透明度不足和风险意识缺乏所导致的。不少地方的行政主管机关将食品安全信息公开简单理解为危机应对和科普宣传，将工作重点放在应对媒体、安抚公众和平息事态上，而忽略了信息公开主体和信息受众之间常态的交流和互动。在食品安全危机公关时，面对来自上级部门、媒体和公众的威胁和压力，如果缺乏日常工作中与社会公众间的长期融合与信任作为基础和保障，行政主管部门出于自我保护意识必然会倾向于保守和僵化。食品安全风险治理是一项长期性的工作，在缺乏深入和全面了解公众对食品安全信息需求的情况下，仅仅依靠事发后的短时间的舆情处理，很难达到建立公信力的效果。

---

① 本书第四章第三节。

### （二）单向模式中公众被动感知食品安全风险

“风险的主观性”，使得食品安全风险治理过程充满了价值冲突，不同利益主体面对相同的风险，可能采取截然不同的应对措施。食品安全风险议题的选择是食品安全信息公开的前提，包括对食品安全风险的解释和选择，行政主管机关据此进行风险优先级排序并分配风险治理资源。在当前的食品安全信息公开法律制度中，在这样一个充满争议且关系切身利益的议题形成过程中，普通消费者始终缺席。于是我们看到，在应急型的食品安全信息公开单向模式中，社会公众作为食品安全风险最终的承受主体，仅出现在最终的风险交流环节，全过程参与度较低，只能被动地感知食品安全风险。

其中，引发社会公众矛盾的焦点主要集中在三个方面：第一，信息公开主体的主动性不足。目前，大多数食品安全信息是依职责主动公开，但在依申请公开的信息领域，“稳妥”一直占据主流心态，缺乏积极的信息公开氛围。往往等到事情发生后再应对，常常“慢半拍”。信息公开得不主动和不及时，会放大社会负面情绪，带来“蝴蝶效应”。第二，信息公开程序的透明度不够。大部分地区的食品安全行政主管机关习惯于只公开最终结果，忽略了过程信息的发布和解释。透明的信息公开机制是风险有效治理的必经之路，只看结果不看过程，特别容易导致社会公众质疑信息的真实性。第三，信息公开内容的适用性较差。随着互联网的发展，各级食品安全行政主管机关在传统的投诉热线电话和信箱之外，还设立了“两微一端”等新媒体渠道的公众参与路径，但使用效果不尽如人意。有些仅仅被用来作为政策宣传的手段，有些过于专业、无法引发公众兴趣，而有些又过于通俗、缺乏专业知识引导，在信息内容的专业性和普及性上并没有找到合适的平衡点。

由于缺乏与信息受众间的双向互动，行政主管机关对当前公众的风险感知能力知之甚少，在解决“说什么、怎么说、何时说”等具体问题时举步维艰。近三年来，我国的食品安全行政主管机关已经认识到这一问题，并作出了大量努力，开展了各种类型的试点活动，探索公众作为食品安全信息公开风险治理法律主体的可能性①。但仅依靠一段时间的行政主导性活动，无法从根本上提升食品安全信息公开风险治理水平。一个有效的长效机制需要增加社会公众作为食

① 本书第四章第三节。

品安全信息公开法律主体的参与度，聚焦食品安全信息公开的法定程序及内容、切实关注社会公众的信息需求和风险感受，才能真正解决食品安全信息公开中“消除行政主导”的问题。

## 三、社会公众应对食品安全风险存在知识欠缺

### （一）食品安全知识及科学素养偏低

食品安全信息公开风险治理的水平，并不只由食品安全信息公开主体单方面的信息内容、发布程序等环节决定，作为信息接收方的社会公众对信息的正确理解和认知，同样起着非常重要的作用。随着国民经济的发展，人民群众在食品领域提出了超越温饱要求的有关营养与安全的更高诉求，法律维权意识不断提高，不仅要求知情权，更要求参与和监督。例如，“三鹿”奶粉事件后乳品新国标的舆论风波中，公众不仅质疑标准的科学性和合理性，还怀疑标准制定过程被企业绑架，存在“暗箱操作”①。

如今的新媒体平台为公众表达自我意识提供了极为方便的途径，一旦食品安全维权诉求得不到很好的满足，就会出现群体性质疑。在此过程中，社会公众的食品安全知识和科学素养水平，很大程度上决定了食品安全信息风险治理的实际效果。如果人们缺乏独立思考和批判性思维能力，就容易出现不理性甚至错误的“哗众取宠”的观点，从而形成荒谬的言论误导公众。所谓“造谣一张嘴，辟谣跑断腿”，诸如“膨大剂西瓜”等食品安全伪信息大行其道，年年不歇、定期轮回。

综合食品安全网络热点话题和社会调研的情况来看，我国国民的食品安全常识和科学素养普遍偏低，对食品安全风险、食品安全标准和食品添加剂的理解较浅，存在一定程度的认知错误。具体体现在：第一，错误的食品安全认知。例如，在对食品添加剂的认知上，公众往往分不清合理合法使用、超剂量超范围使用和违法添加之间的区别，普遍不能理解“风险的可接受水平”这一界定，导致现代食品工业中非常重要的进步——食品添加剂被污名化。近两年的“预制菜冒充现场制作”风波同样如此，大多数人将消费者侵权问题（知情权）错误理

① 余硕：《新媒体环境下的食品安全风险交流：理论探讨与实践研究》，武汉大学出版社，2017 年，第 162 页。

解为食品安全风险，不知道即食即热、即烹和预制净菜等各类预制菜的分类，也不清楚国家对各类预制菜的工艺和原材料标准要求（如禁止防腐剂添加、冷链储运条件等），完全否定了现代食品工业规模化、效率化、标准化发展对人类社会的贡献。第二，片面的食品消费观。不正确的食品安全知识会带来片面的食品消费观，并引发新的食品安全问题。例如，过去多年来公众过于追求食品外观的消费偏好，导致了硫黄熏蒸银耳、色素染小黄鱼等违法行为的发生。片面的食品消费观还特别容易受负面情绪的影响，习惯于质疑和不信任，很难冷静、客观地接受科学信息，缺乏理性分析，从而产生“风险扩大”效应。

### （二）专家意见缺乏法律系统化规制

在互联网时代到来之前，社会公众将专家视为科学和权威的代言人，信赖他们的科学判断。随着新媒体时代的到来，社会公众不再处于信息封闭状态，逐步了解和掌握了一定的食品安全知识和信息。因此，食品安全风险治理成功的一个重要前提，是让非专业的社会公众能够科学、客观、正确地认知和理解食品安全风险的具体情况和严重程度。据此，提升公众的食品安全风险认知水平，除了依靠传统的科学普及教育之外，全过程的专业解释和引导至关重要。知识的专业性特征形成了知识精英，其中的专家作为知识整体范围的一部分，能否全面、客观地向外行说明风险的真实状态，本身就是危险与风险的一部分①。如果专家出现隐瞒或歪曲风险的行为，一旦过度依赖专家或依赖个别专家，就会发生风险评估误差。因此，在食品安全风险治理中，必须完善专家理性模式的合法性证成。

完善有效的专家意见法律规制，需要满足两个要素：第一，在现行科学技术水平下，专家拥有完整、全面、客观的食品安全风险知识，能够准确架构风险治理方案及其实施结果；第二，专家在运用专业知识进行风险评估时，应基于独立自主的判断，不受民众恐慌情绪、利益集团利益等外部因素的影响。然而，就我国目前的食品安全风险信息中的专家意见而言，理性不足且独立性不够。各类专家关于食品安全风险的言论，因缺乏客观性和科学性，使得公众难以准确认知食品安全风险。这些五花八门的“专家意见”，常常基于猎奇、博眼球、蹭流量、制造噱头而夸大或虚构食品安全信息，被证伪后让公众对专家产生了不信

---

① ［英］安东尼・吉登斯：《现代性的后果》，田禾译，译林出版社，2000 年，第 114－115 页。

任和排斥心理,使“专家”沦为贬义词。“安全经验与心理通常建立在信任与可接受的风险之间的平衡点上。……在信任所涉及的环境框架中,在某些情况下,风险的类型是可以被制度化的。”①所以当下专家意见的风险引导出现异化的真正原因,并不是表面上我们看到的利益集团控制或公众情绪影响,而是源于现行食品安全信息公开风险治理中缺乏合理、有效的法律规制。

## 第二节　食品安全信息公开中的公众风险理性

对于我国目前在食品安全信息公开法治实践领域中存在的问题,科学的评估机制可以说是治理能力走向成熟的重要标志。一切有效的评估机制建构的前提,皆在于正确的目标定位与清晰的对象确定。从当前各地法治评估的实践来看,食品安全信息公开法律制度实施的评估,应以提升主管机关风险治理能力为评估目的,以食品安全信息公开内容的科学性、程序的社会参与度、效果的公信力为评估对象。本书尝试提出建构“问题导向”的食品安全信息公开风险反向评估模式,实现食品安全信息公开法律制度实施的科学性和民主性,助力提升食品安全主管机关的风险治理能力和治理水平。

### 一、食品安全信息公开风险治理的理论基础

#### (一) 基于私法与公法结合的社会共治

应对风险的私法机制主要包括合同法和侵权法,其核心是意思自治,强调个人自愿承担风险,例如以约定方式转让风险、风险自担等。合同条款通过权利义务的设定来分配风险成本,实现风险的转移和分散,具有提供可选择性、节约交易成本和提高可预见性等功能。私法机制的理论前提是完全理性人,要求法律主体具备相关风险的知识、收集信息的能力、权衡得失的素质和达成协议的水平。然而,由于人客观上的有限理性,这在现实中几乎不可能完全实现。同时,因为风险是面向未来和未知的,多数情况下当事人无法预先设定合同条款,存在缔约不公平或缔约不能的可能性,因此需要导入侵权法的调整。侵权

---

① [英]安东尼·吉登斯:《现代性的后果》,田禾译,译林出版社,2000年,第31页。

法以界定法律主体的“过错”为核心，据此来确定风险损失的承担者。私法机制风险治理的作用在于风险责任的承担，虽然从法经济学角度来看它会起到一定的事先激励效果，但这只能算是附带的间接效应，其主要特点依然是被动性和事后性。从这个角度来看，风险治理中的公法机制恰恰具备较强的积极性，体现为秩序行政，即排除危害、维护社会秩序和国家安全。然而，公法机制的风险治理又存在范围和手段上的局限，只能在行政机关职能范围内调整，且主要采用制裁为主的手段进行调整。

现代社会的风险，呈现出延展性、内生性、复合性、系统性和潜在性等特征。各种风险之间彼此交织、相互渗透；风险的规模和范围不断扩大，打破了原有的局部区域边界；人类自身制造的内生性风险，逐渐替代了客观外来的风险，成为主要的风险类型；风险的后果也变得越来越难以把握，逐渐从单一性转向多重性。面对这样复杂的风险局面，不论是单纯依靠个人责任规制的私法机制，还是秩序行政规制的公法机制都显得捉襟见肘，食品安全风险治理的法治理论基础必然需要转向公法与私法结合的共治模式，实现科学与民主、自治与他治的协同整合。

### （二）混合型公共治理理论的要求

鉴于现代风险具有技术性与公共性两个特征，食品安全信息公开风险治理应符合两个基本要求：一是目标价值合理，符合公众需要，反映公众偏好；二是治理工具合理，治理过程科学、有效。因此，食品安全信息公开应当倡导一种有机结合政府主管机关、市场主体、非政府组织等秩序的混合型模式。在此模式下，大家彼此合作、发挥各自的优势，并相互监督、以防止秩序滥用，最终实现食品安全风险治理的目标。这种混合型公共治理理论既不同于国家社会主义观点，也不同于多元主义理论①。它主张根据食品安全信息公开过程中工作内容和性质的不同进行任务分配，致力于各方的深度信任与合作，其核心要素包括平等协商、理性沟通、相互信任、公开透明以及有效评价。

#### 1. 平等协商

食品安全信息公开中的平等协商，指的是各法律主体之间以平等身份，通

---

① 国家社会主义主张弱化市场和国家之外主体的作用，多元主义则主张消费者、企业的自发性。参见戚建刚：《共治型食品安全风险规制研究》，法律出版社，2017年，第53页。

过对话、审议、指导等方式共同解决问题，合作开展食品安全风险治理。与传统的公法机制不同，食品安全行政主管机关与食品生产企业、消费者之间的关系更趋近于合作伙伴，贯穿于风险治理的全过程。平等协商有助于全面反映多元主体的食品安全信息诉求，使食品安全共同体中的非行政主管机关主体真正参与信息公开的全过程。虽然社会公众对专业的食品安全风险缺乏深入、细致的了解，也可能因个人利益导致观点失之偏颇，但公众的参与一定能帮助行政主管机关汇聚各方利益需求、克服自利性观点，从而实现更加理性的风险治理。同时，基于平等协商的食品安全信息公开机制体现了风险共同体的利益和意志，从而有效提升食品安全风险信息的公众接受度，减少信息公开的阻力。

2. 理性沟通

食品安全信息公开风险治理过程应当基于合意的说服过程，而非压制过程。理想状态的食品安全信息公开过程，应当具备开放性、论证性、公共理性和关联性等特征①。在开放的治理理念加持下的理性沟通，让各种不同价值取向的食品安全风险知识进行富有意义的交流和沟通、合作与妥协，通过平等而理性的协商来实现合法化②。这种过程的正当性，与主体间的参与、商谈、理解和认可呈正相关。正如尤尔根·哈贝马斯所言，理性沟通不依赖于任何形式的强迫，通过所有相关人员的自由公开讨论来获得的决策，是更佳的论证力量③。食品安全信息公开风险治理过程中的理性沟通应包含四层含义：从法律主体上来看，是风险共同体中全体成员的活动；从公开方式上看，应通过对话、反复辩证和理性讨论的形式来消除分歧、达成共识；从信息内容上看，除行政主管机关的工作职能外，还应涵盖信息受众的意见和建议；从公开目标上看，应当以提升社会公众对风险的理性感知为最终目标。

满足以上要求的理性沟通，能够重新塑造食品安全风险共同体之间的关系，维护彼此的信任。一方面，社会公众能够理性认识食品安全风险，理解风险评估和规制措施的意义，从而形成平衡的风险判断，并增强风险防范意识。另一方面，由于我国消费者受教育程度的普遍提升，行政主管机关的风险评估专

---

① 罗豪才、宋功德：《行政法的治理逻辑》，《中国法学》2011 年第 2 期，第 5-26 页。

② 王锡锌：《当代行政的“民主赤字”及其克服》，《法商研究》2009 年第 1 期，第 42-52 页。

③ [英]安德鲁·埃德加：《哈贝马斯：关键概念》，杨礼根、朱松峰译，江苏人民出版社，2009 年，第 25 页。

家因为各种原因面临公众的怀疑和不信任，理性沟通的过程在克服彼此间的信息不对称和不信任方面具有重要意义，也极大地提高了专家系统的可信度。

3. 相互信任

信任是一种对称性的关系，基于信任的行为是主体间的合作，是一种拒绝任何控制和支配行为的关系①。在食品安全领域，由于信息不对称和过高的信息搜索成本，公众仅凭自身力量往往无法获取食品安全风险的全部信息，从而影响其风险甄别和判断能力。于是，他们不得不依赖政府公权力，以确保食品安全信息的全面性和客观性。当公众主观上相信行政主管机关能够提供可靠的食品安全信息时，他们不仅能更从容地接受风险的不确定性、增强面对风险的勇气，还能在行为上更遵守食品安全风险治理的规则、配合行政执法，从而降低治理成本。反之，当公众对行政主管机关公开的食品安全信息信任度降低时，不仅会从内心上无限增强对风险的威胁感受，还可能从行为上无视甚至破坏治理规则。从政府角度来看，相互信任的食品安全信息公开状态，还能降低食品风险评估环节中由于公众质疑而产生的科学甄别成本。

在食品安全信息公开风险治理中的相互信任，是一种成员间的集体认知：即便未来存在不确定性的风险，也依然相信对方的行为和能力能够科学评估风险、保障食品安全。该认知的构成包含两个层面：①主要由食品安全行政主管机关的公共声誉构成，即公众越认为行政主管机关的风险治理能力高，就越相信其公开的食品安全信息，形成良性循环。②主要通过评价和承认机制来实现，即公众需要依据各类客观标准对行政主管机关公开的信息进行评价和承认。因为评价和承认是一个非常主观性的过程，会受到心理、偏好、记忆、文化、观念等因素的影响，所以食品安全信息公开中需要一个“自下而上”的多元反馈机制来及时推进信任的形成。公众能从心理上认同食品安全信息公开制度的前提就是信任，信任度越高就越认可信息，进而就越能提升食品安全风险治理的完成度。所以，相互信任既是食品安全信息公开风险治理的决定性因素，又是其实施效果的检验标准。

4. 公开透明

除了涉及国家秘密、商业秘密和个人隐私等法定不公开的事由外，食品安

① 张康之：《有关信任话题的几点新思考》，《学术研究》2006年第1期，第68－72页。

全风险治理过程中相关的文件、资料和情报等都应当公开。这一要求本质上是通过法律手段实现对公权力的制约，从而保障食品安全风险共同体全体成员的获取信息权利，确保风险决策的科学性、准确性和有效性。食品安全信息公开风险治理中的公开透明，要求行政主管机关公开法律法规政策、行政执法情况、风险评估标准和过程等，要求食品生产经营企业公开风险管理制度、风险控制过程和实际情况等。公开透明有助于提升公众的食品安全风险意识和应对能力，避免集体性恐慌，从而提高食品安全风险治理的效率。

5. 有效评价

风险治理与传统公权力的运行方向不同，它强调的是上下互动的过程，这就要求社会公众参与治理。折射在食品安全信息公开领域，体现为社会公众在风险治理全过程中以多种形式向行政主管机关反馈信息公开的具体需求和实施效果。正如哈拉尔指出的，真正的权力是一种强烈的能力感，这种能力感随着权威的广泛分布给每个人提供管理能力，信息时代的参与吸引力因为让大家都获得好处而被接受①。从食品安全风险治理的实际运作来看，公众的参与热情往往源于动员激发，自愿、主动参与的情况较少。然而，当公众自愿、主动要求参与时，通常意味着风险治理中的问题已经积累到了比较严重的程度。因此，必须建立一个有效的评价机制，来评估公众对食品安全信息公开的参与诉求，以避免风险治理中出现公众“虚假参与”的现象，并确保社会共治的实际效果。

### （三）行为经济学中的公众风险认知

#### 1. 食品安全信息传播的“蝴蝶效应”

食品安全信息的传播扩散过程是风险社会放大的过程。食品安全风险作为源信号，在短时间内迅速向外传播，引起行政主管机关和社会公众的高度关注。传播主体包含“意见领袖”、政府机构、新闻媒体、社会群体等，传播行为通常遵循各自的风险认知和价值导向。这一过程会产生大量的行为反应，这些行为反应成为再扩散的起点，从而形成次级影响。这种循环会持续升级压力和放大恐惧，进而形成社会风险。“一只南美洲的蝴蝶扇动翅膀，结果可能引发美国得克萨斯州的一场龙卷风”，食品安全信息公开的过程往往具有“蝴蝶效应”。在食品安全事件发生后，如果初始的信息公开出现微小偏差，在风险共同体全

---

① ［美］W. E. 哈拉尔：《新资本主义》，冯韵文、黄育馥译，社会科学文献出版社，1999 年，第 225 页。

员聚焦的情况下，这种偏差可能导致风险认知从一个普通事件无限放大到社会负面舆情。

食品安全风险“蝴蝶效应”的形成有三个基本条件：一是发生了食品安全事件，二是诉求渠道不畅通，三是群体性依赖。当食品安全事件发生时，如果某个利益主体对食品安全信息的需求未得到满足，大量负面情绪将迅速与相关信息结合，导致其扩散和深化。此外，由于公众风险感知的从众心态和新媒体时代的流量效应，个体的诉求不满会在短时间内演变为群体诉求不满，形成逆向作用的巨大社会合力，冲击着食品安全风险治理的社会秩序。因此，基于食品安全信息传播的特性，公众的风险认知能力在食品安全信息公开中显得尤为重要。

### 2. 公众风险认知的影响要素

风险认知（risk perception），又称风险感知，是指消费者购买决策时感知到的所购产品的性能无法到达预期的可能性。感知并躲避风险，是生物的生存本能。对于突发性风险，社会公众往往依赖自己的主观判断来评估风险。因此，风险认知是个体的主观心理感受，受到多方面因素的影响。

其中，有两个重点：第一，专家与外行的认知差异。社会公众由于专业知识欠缺，往往在风险认知上表现出反应过度，可能采取非理性的行为。例如，在食品安全风险治理中，尽管各国行政主管部门和科学界一致认为，鉴于风险的普遍存在性，风险治理的目标只能是控制或降低危害，而不能彻底消除风险。但普通公众对这一观点的接受度可能因诸多主观因素的影响而差异很大。第二，媒体对风险的社会放大。在现代互联网的风险情景下，食品安全事件无论规模大小都会引起全社会的高度关注，并对社会与经济产生重大影响。媒体对食品安全事件的曝光不但塑造了个体的食品安全风险经验，还显著放大了公众的食品安全风险感知。

一般来说，影响风险感知的因素包括自愿性、可控性、熟悉性、公正性、利益、易理解性、不确定性、恐惧、对机构的信任、可逆性、个人利害关系、伦理道德、自然或人为风险、受害者特性、潜在的伤害程度等①。针对食品安全风险，影响公众风险认知的要素主要有三个类型：①食品安全风险事件的自身特征，

---

① 余硕：《新媒体环境下的食品安全风险交流：理论探讨与实践研究》，武汉大学出版社，2017年，第81－82页。

包括公众的恐惧性、熟悉程度、公平感、危害的潜在性等特征，以及这些特征之间的联系；②公众的自身特征，包括性别、年龄、受教育程度等人口学变量，个人风险态度（如偏好型或回避型），同类事件中的个体过往经验，以及个体的情绪控制能力等；③社会场域的自身特征，包括从众心理、信任以及媒体曝光的程度等因素。

#### 3. 减少公众风险认知误区

根据公众对食品安全风险信息的认知过程，应当从以下四个方面减少风险认知误区：①风险信息收集阶段，避免因近因效应带来的易得性偏差。人的记忆会倾向于关注近期发生、容易获得和印象深刻的消息，因此在信息公开的开始和结束阶段，应重点传递最重要的信息，以提升效果。②风险信息解读阶段。显著性特征偏差是该阶段容易出现的认知误区，人们往往因某信息的显著而将其片面地作为判断风险的决定性因素，进而忽略其他同样重要的决定性信息。因此，信息解读的全面性是应对以偏概全的重要手段。③风险信息输出阶段。依据行为经济学家对人类信息认知行为的分析，专业人士通常会存在过于自信而带来的认知误区。因此，建立科学、完整、系统的法律规制，对风险评估专家的工作进行有效规范必不可少。④风险信息反馈阶段。该阶段容易出现的认知误区包括错误归因、无视风险和加入成见等。因此，建立一个有效且可持续的食品安全信息公开风险评估反馈机制，是提升公众风险认知的关键。

## 二、各国食品安全信息公开风险治理模式的借鉴

### (一) 信息公开内容

#### 1. 采纳全球认可的食品安全信息公开内容

对比美国、欧盟和世界贸易组织关于食品安全信息内容的法律规定后，可以发现，全球各国、各地区和国际组织对食品安全风险评估的对象大致趋同，因此大家对食品安全风险治理中食品安全信息内容的界定和要求也基本一致①。

① 世界上其他国家的法律规定也无太大差别，例如日本的《食品安全基本法》将食品安全风险评估定义为，食品对人体健康造成危害的可能性评估，即食品对健康影响的评估。主要依据相关科学指标，对食品本身含有的或添加的物质，进行物理、化学、生物上的因素和状态分析评价，判断其是否对人体健康有影响和影响程度。参见王怡、宋宗宇：《日本食品安全委员会的运行机制及其对我国的启示》，《现代日本经济》2011 年第 5 期，第 58 页。

当然，各国和地区在具体的术语表述上可能存在一些差异，但从实质内容来看差异并不显著。具体体现为三个环节：①食品强制标识制度，包括食品添加剂及其他化学成分、食品营养成分、食品中的转基因成分、食品原产地属性等信息；②食品的跟踪与溯源制度，包括食品生产、加工、包装、运输、销售等各个环节的信息互通性与可追踪性；③缺陷食品的召回信息公告，包括产品名称、召回级别、召回原因、产品规格、流通范围、企业联系方式等信息。

据此，我国在食品安全信息公开风险治理的立法实践中，应该采纳全球认可的食品安全信息公开内容。具体来说，食品安全信息的公开内容应该包括食品安全的危害识别信息、食品危害的特征描述信息、食品危害的暴露评估信息、食品危害的风险特征描述信息等四个方面。

**2. 完善食品安全信息公开的单行法律制度建设**

目前全球关于食品安全立法的模式主要有两种，一种是以欧盟为代表的集中立法模式，另一种是以美国为代表的分散立法模式。欧盟制定了《通用食品法》作为其总纲式的食品安全基础法，并在此基础上制定针对具体食品安全问题的单行法律法规，形成了相互协调、互为支撑的统一法律体系。美国则对应不同类型的食品安全风险，分门别类地制定了诸如《联邦食品、药品和化妆品法》《食品安全现代化法案》等大量具体的食品安全法律法规。

由于分散立法模式存在的弊端较为明显，主要表现为各法律法规之间可能发生冲突，同时涉及的执法主体非常多样（详见本章第二节有关美国部分的介绍），容易产生政府主管机关的职能交叉。因此，当前多数国家在食品安全领域倾向于采用集中立法模式，我国亦是如此。我国已制定了《食品安全法》作为基本法，这是食品安全风险治理的核心法律依据。然而，由于食品安全信息公开领域尚缺乏专门的法律法规指引，亟须进一步制定配合各部门和地方的法规和规章，以完善我国食品安全信息公开的单行法律制度建设。

**3. 增强食品安全信息公开立法环节的风险反馈**

从前述介绍中，我们可以发现，美国和欧盟在食品安全信息公开立法环节中拥有完善的风险反馈机制，这主要体现在立法内容的与时俱进以及立法过程的公众参与两个方面。

在百年的历史演进中，随着食品行业科学技术的发展和食品安全风险的不断变化，美国和欧盟都非常重视食品安全信息公开法律制度的更新和调整。例如，美国在1906年制定的《纯净食品药品法案》中对食品添加剂标识进行了初步规定，1938年通过的《联邦食品药品和化妆品法》修订时增加了“良好操作规范”要求。1958年进行了重大修改，增加了明确最高剂量限制和EPA认可标准的“德兰尼条款”(Delaney Clause)。2009年，美国又因为生物和基因技术的风险，通过《食品安全加强法案》作出了新的修改。同样，欧盟在面对不断出现的食品安全新风险时，除了《通用食品法》之外，还通过“问题导向”的各种法令，来补充和完善食品安全信息公开的法律规制，从而实现了智慧性、可持续性和包容性的良性发展趋势。

在公众的有效参与方面，美国公众的食品安全意识随着《屠场》等三部食品安全相关著作的出版逐步苏醒和发展，大力推动了美国食品安全信息公开法律制度的改革。美国在制定和修订食品安全信息公开相关法律法规的全过程中，都鼓励和倡导社会公众的积极参与，鼓励食品行业所涉企业和食品安全专家的有效参与。立法机构会将公众提供的风险反馈信息作为重要的立法参考依据，以此决定是否需要制定或修改某项法律。通常，立法机构首先会发布条例提案，指出现行法律法规存在的问题，并列出建议的解决方案和备选方案。接着，会召开各类型咨询会和听证会，在法律法规最终公布前提供时间给社会公众进行讨论和评估。如果对立法和修订法律的决策有异议的机构、组织或个人，还可以向法庭提起申诉。欧盟在疯牛病危机之后，为了重建公众对食品行业和政府食品监管的信心，发布了《食品法律基本原则的绿皮书》，旨在开展公众讨论，确保相关人员都能参与到绿皮书所涉问题的讨论中。绿皮书之后的《食品安全白皮书》，继续为社会公众的参与提供了充分的机会，通过这种循序渐进的方法，最终制定了《通用食品法》。

食品安全信息公开立法环节的有效社会风险反馈，充分听取和体现了公众意志，保证了食品安全信息公开法律法规顺利、迅速地被社会接受并贯彻，从而准确实现立法的既定目标。这一做法，是我国食品安全信息公开风险治理立法实践应该予以借鉴的成功经验。它不但可以增强食品安全信息公开立法的公众信任度，还能显著降低食品安全信息公开执法的成本。

### (二) 信息公开法律责任主体

#### 1. 以风险评估机构为中心确立统一权威的信息公开法律主体

食品安全风险治理中的信息公开主要包括两种类型：第一种是风险管理者

与各利益相关者之间的信息公开，旨在增强风险治理决策过程的透明度，从而提高食品安全风险治理的科学性；第二种是风险评估者与各利益相关者之间的信息公开，目的是促进各方对评估结果和科学建议的理解与接受。由于食品安全的风险评估工作是由科学家组成的权威机构负责，最终会就风险给出专业的评估结果和科学意见，这些意见是各利益相关主体获取食品安全风险信息的重要的来源。因此，食品安全风险评估机构应在整个信息公开法律责任主体中占据核心地位。如前所述，欧盟食品安全管理局在负责食品安全风险评估的同时，还承担了食品安全风险的信息公开，即体现了对这一理念的认同。目前，美国、日本、澳大利亚等诸多国家都基本采用了由食品安全风险评估机构来主导食品安全信息公开的模式。

食品安全信息公开过程中，风险评估标准、尺度和理念的不一致，可能导致最终公开的食品安全信息面临权威性不足和公信力下降的困境。在此情境下，以食品安全官方风险评估机构为核心建立统一权威的信息公开法律主体，能够有效协调和衔接各类食品安全风险信息渠道，解决现有食品安全信息公开中存在的公信力弱等问题。例如，美国总统食品安全委员会作为战略性统领全美食品安全风险信息公开的法律责任主体，重新整合了涉及食品安全信息公开各法律主体中分散和交叉的职能，协调管理并划分权限，以防止出现职能错位、缺位和越位的现象。

**2. 设置权责法定、分工清晰的信息公开法律责任主体体系**

要解决食品安全风险治理中信息公开工作相互推诿的问题，关键在于权责法定、分工清晰。食品安全信息公开是食品安全风险治理中一项集合了科学性、技术性、公关性和政治性的专业性工作。因此，政府应该设立专门的食品安全信息公开法律责任主体来承担这一任务。参考其他各国的相关设置，例如美国的食品药品监督管理局、欧盟的食品安全管理局、日本的食品安全委员会、英国的食品标准局、澳大利亚的澳新食品标准局等，这些国家和地区都在风险评估或风险管理机构中设置了专门的信息公开部门。

在各国食品安全风险治理主体中，虽然许多机构的权责都涉及食品安全信息公开，存在一定程度的职责交叉，但各自的分工却非常明确。例如，在欧盟的食品安全风险治理中，由欧盟和成员国组成的多层次信息公开主体模式，各部门之间的分工十分明晰，有效避免了食品安全风险出现时相互推诿、不承担责任的问题。类似地，美国根据其联邦制国家属性设计的多部门分工合作主体模式中，一方面采取“以品种监管为主、分环节监管为辅”的多部门协调监管模式，按照食品种类进行责任划分、各部门分工明确；另一方面，通过联邦和州政府授权的食品安全管理机构的相互合作，形成了一个相互独立又互为补充的一体化监管体系。

### （三）信息公开法律程序

#### 1. 明确清晰的食品安全信息公开资源

食品安全信息公开程序的法治化，是保证现代食品安全风险治理的重要内容。全球各国在完善食品安全信息公开相关程序时，首先通过立法明确应公开的食品安全信息资源的类型。例如，美国通过《信息自由法》《联邦咨询委员会法》和《形成程序法》等法律，确定了FDA等联邦机构作为主要的食品安全信息公开法律责任主体。并将食品安全信息资源分为三大类：一是包含食品安全法律法规及政策执行等内容的政策性信息；二是包含食品安全警告信息、执法检查报告、违法企业名单等内容的执法类信息；三是包含食品营养成分、食品添加剂规则、食品包装要求等内容的科普类信息。同时，美国联邦政府在制定相关法律法规和政策时，允许社会公众对条款进行讨论和建议，风险治理机构通过多种途径和方式向公众解释规则制定的科学依据，以确保整个立法程序的公正、公开、透明和交互。

#### 2. 及时有效的食品安全信息采集渠道

食品安全风险治理中，信息采集渠道的及时有效，是保证食品安全信息公开程序的重要前提。食品安全信息的有效采集、分析、追溯和反馈，能够为食品安全风险信息的及时发布提供强有力的信息资源。信息采集渠道根据信息类型的不同，分为食源性信息和国际贸易信息。前者包括疾病报告、环境指数、人口普查和媒体曝光等来源，后者则来源于政府网站、出入境检验检疫部门、进出口企业等。全球各国高度重视食品安全信息的采集和处理，尤其是食品检测技术的研发工作。例如，欧盟的RASFF（快速预警系统）在食品安全风险治理中，通过其及时的信息收集方式，提供了宝贵的参考和借鉴。美国则在此领域拥有全球领先的检测技术，其研发的仪器设备和检测试剂盒检测数值准确、稳定，并且在国内外、各级地方政府及食品企业设立了诸多食品安全信息采集点，确保信息采集渠道的全面覆盖。

### 3. 丰富多样的食品安全信息公开方式

食品安全风险治理中，信息公开方式的丰富多样，是保证食品安全信息公开程序的重要基础。例如，美国的信息公开方式主要分为主动公开和依申请公开两大类。其中，主动公开的方式包括政府官方网站、电子阅览室、广播电视、图书馆、问卷调查等。依申请公开的方式包括免费热线、在线提问、电子邮件、RSS 订阅等。尤其值得注意的是，FDA 等联邦食品安全风险治理部门对公民申请公开食品安全信息的处理程序。根据美国《信息自由法》的规定，公民有权向 FDA 等监管部门申请公开食品安全相关信息，只要申请不涉及九种例外情形都会审查通过。在 FDA 等部门依法予以公开后，还会定期在其网站上公布上一年信息公开数据的总结报告，并建立包含政策手册、案例分析、公开记录等内容的电子阅览室，方便公众更高效地查询。在这一过程中，FDA 等食品安全信息公开政府主管机关从便于社会公众获取信息的角度出发，除了依申请公开外，还主动发布了相关总结信息，有效融合了两类信息公开方式。同样层次鲜明、内容丰富的食品安全信息公开方式，也体现在德国联邦风险评估所的信息公开方式分类清单中。

### 4. 可操作性的食品安全信息公开程序

食品安全风险治理中信息公开程序的可操作性，是保证食品安全信息公开有效实施的重要保障。世界各国在落实食品安全信息公开时，非常注重实际操作的实施效果。例如，美国 FDA 详细规定了依申请公开的流程，包括接受申请的部门、申请书的具体内容要求、处理申请的时间、答复申请的方式、申请信息公开的费用等。此外，还赋予申请人在对信息公开处理结论有异议时的司法救济权利。

## 三、建构“问题导向”的信息公开风险反向评估模式

综上，平等协商下的食品安全信息公开机制，不仅包括传递风险相关信息，还包括反馈公众对风险事件的反应。有效的风险信息公开，不仅有助于公众理性认识风险，还能纠正偏见和障碍，促进准确理解风险并形成平衡判断。政府主管机关也能够通过食品安全信息公开中的反馈来全面掌握公众诉求，以更贴近公众的方式传递风险信息，赢得公众信任，打造食品安全信息公开的良性循环。

### （一）公众知情权是风险共担的前提

风险社会中食品安全的风险不可能降低为零，只能被控制在可控制的范围内。如前所述，食品安全风险带有“人为不确定性”，因而风险评估中的可接受范围，除了依赖科学判断外，还会受到评估主体主观认知的影响。对于评估主体之一的政府主管部门而言，由于食品安全领域技术进步所带来的不确定性，其政府职能应该从“危险消除”转向“全面的风险预防和管理”，即从秩序维护型政府向风险管理型政府转变①。社会公众作为另一个重要的评估主体，会结合其所获取的食品安全信息进行判断，来决定自己愿意承担的食品安全风险的种类和程度。因此，风险共担的前提是风险评估主体的知情权得到充分保障。食品安全领域的高昂信息搜寻成本和信息垄断等障碍导致的信息不对称，客观上必然困扰食品安全风险评估的有效实施。

“问题导向”的评估模式能够使评估效果从形而上学回归现实主义，使法治评估能够真正成为解决法治建设现实问题的有效工具和手段，是由待评估的问题来决定评估内容和方法的情境回应型评估模式。与以往主要定位于“绩效评估”的整体性评价不同，风险反向评估模式从食品安全信息公开法律制度实施所面临的现实问题出发，评估法治建设中的具体实践样态和效果。它更注重于食品安全信息公开法律实施过程中所出现的问题是否被解决或有效缓解抑或出现恶化，以此评价法律实施的改善情况。

相比于传统法律实施评估侧重于法律制度本身，食品安全信息公开的风险反向评估模式更侧重于公众理性的培育，可以通过多元主体的意见表达和协商沟通机制，促进多元价值观的融合和法治本土基础的生长。法律实施是需要社会认同的，体现为社会公众心理机制的接受和信仰，具有“嵌入式”的特质。“问题导向”的风险反向评估模式，带来了食品安全信息公开法律制度实施评估指标的动态开放性，不仅能够实现立法与法律实施跟踪之间的动态需求，更有助于培育公众理性、提升公众法治水平。保持风险评估机制的社会开放性，可以对我国食品安全信息公开法律制度的动态运作有真实且全面的认知。

### （二）风险反向评估模式的特点

所谓反向评估模式，指的是不以传统的演绎逻辑来建构评估的指标体系，

---

① 王旭：《论国家在宪法上的风险预防义务》，《法商研究》2019 年第 5 期，第 123 页。

而是以问题为导向，通过归纳分析形成法律实施中存在的问题清单，评价法律实施情况。相较于传统的食品安全信息公开法律实施评估模式，“问题导向”的风险反向评估模式具备以下特点。

### 1. 量化方法、维度和样本的选择更科学

对于饱含人文精神的法治而言，单纯的量化研究方法存在显著的功能性局限。量化分析方法的研究假设了对象的均质性，而法律实施的复杂性和特殊性决定了其难以被单一化约合公度。同时，以问卷调查方式搜集的样本中，主观因素容易先入为主地影响问卷的设计，从而造成结果的偏颇。因而，在食品安全信息公开法律实施评估机制的建构中，维度的选择、样本的抽取和量化方法的使用过程中，数据不应该是唯一且封闭的评估指标。

法律实施效果出现问题，主要表现在三个方面：实施不足、实施错误和实施变异。风险反向评估模式旨在系统梳理某一时间段内食品安全信息公开法律实施在这三个维度中所暴露的现实问题，结合以数字客观展示为主的“测量”(measurement)和以客体主观价值认定为主的“评价”(evaluation)，提炼食品安全信息公开法律实施过程中所面临的“问题清单”作为指标体系，达到量化测评和定性分析相结合的综合“评估”(assessment)目的。其中，定量研究侧重于对整体的描述与比较，而定性研究则集中于特定区域、时段、人群甚至是个案的剖析。定性和定量的有机结合，可以使评估中关于样本、维度和量化方法的选择更加科学。

### 2. 保证公众有效参与的评估程序更开放

当政府主管机关作为法治评估主体时，其公信力往往会因为缺乏公开性和公众参与而受到影响；而第三方作为法治评估主体时，其公信力又会因为资料获取不全面和评估深度不够而受到影响。如何深刻落实食品安全信息公开法律实施评估模式中的公众参与，保证评估模式中的信度和效度的可检验性，提升食品安全信息公开的中立性和客观性，是评估模式建构的重点。

“法治的唯一源泉和真正基础只能是社会生活本身，而不是国家”①。风险反向评估模式中的问题清单，是在众多实践样态中归纳总结产生，需要根据法治运行情况进行动态持续更新，这使得评估模式具备了更好的系统开放性。其中，社会公众作为法治建设的主体，将通过开放的评估程序正式参与到问题清

---

① 苏力：《二十世纪中国的现代化和法治》，《法学研究》1998 年第 1 期，第 8 - 10 页。

单的梳理中，而不仅仅是基于社会宣传目的旁观性参与。在食品安全信息公开法律制度风险反向评估模式中，社会公众是与政府主管机关共同建设法治的合作主体，是法治评估的发起者、推动者和使用者。基于这一模式，社会公众的食品安全法治主体地位和能力将得以恢复，评估结果的有效性和可用性将得以提升，评估的公信力也会得以保证。

3. 关注社会关联因素的公众理性培育更深入

法治运行不能脱离其所存在的社会环境，法律实施效果也不能与立法的社会接受能力相割裂。与食品安全信息公开法律制度实施相关的社会关联因素，涉及立法内容的社会认同、与现存法律环境的兼容性以及执法对象的行为成本等。这些重要的社会背景因素极大地影响了食品安全信息公开法律实施的公信力。如果单独对法律制度本身进行评估，不考虑社会关联因素的影响，所得结论难免显得过于浅表。我国目前正处于社会转型期，关注这一时期法律实施所面对的特有社会关联因素，不仅可以有效地调整社会关系，还能发现并在一定程度上解决深层次的社会矛盾。因而，食品安全信息公开法律制度实施的评估指标体系设计，应该契合社会当下的具体特质。

与我国社会转型相伴随的食品安全法治建设路径复杂且不断发展变化，具有独立的发展轨道和特殊的发展问题。目前，食品安全信息公开体系内形式服务性与内容垄断性之间所存在的矛盾，要求建立政府理性与公众理性并存的“双重理性公开范式”。“问题导向”的风险反向评估模式，以知情权为逻辑起点，通过社会公众与政府主管部门之间意见的表达和沟通，促进多元利益和价值观的融合，从而促进公共理性的生长。食品安全信息公开法律制度实施的风险反向评估模式，将协助食品安全信息公开法律制度从协商民主向风险民主转变，实现信息发布渠道和主体间的多层次互谅体系，有利于辅助实现政府风险治理能力的提升。

## 第三节　食品安全信息公开法律制度完善路径

由前述分析可知，当现代食品安全风险治理面临“决策于不确定性之中”[①]的

① 孙颖：《食品安全风险交流的法律制度研究》，中国法制出版社，2017 年，第 229 页。

挑战时，食品安全信息公开法律制度的有效运作必须以提升社会公众的认知能力为基础。食品安全信息公开中风险反向评估模式的设计，不但可以积极反馈食品安全信息方面公众理性培养的实际需求，最大限度地触发信息公开的作用机制，而且还能防止食品安全信息公开风险治理的低效、偏差或异化。然而，食品安全信息公开风险反向评估模式的构建，并非能够通过短期内制定若干评估指标和指导性规范文本来一蹴而就，它需要持续的调整和优化。从风险反向评估模式自身的特性而言，这应该是一个体系化、持续积累和不断更新的过程，是描述性和示例性的动态循环。当然，这并不意味着难以勾勒其线条，我们可以依托前述国内外学者的研究积累，从制度的概念和意义、前提和原则、基础内容等方面来构建食品安全信息公开风险反向评估模式的基本维度。

## 一、食品安全信息公开风险反向评估的概念和意义

### (一) 概念

在《食品安全法》第 23 条和《食品安全法实施条例》第 9 条中，均要求国家食品安全监督管理部门建立和落实食品安全风险信息交流机制。基于风险和风险感知的特性，有效的风险交流必然不是单向的、仅以实现基础知情权为目标的信息传输。结合上述研究，笔者认为，食品安全信息公开风险反向评估应成为食品安全风险交流中不可缺少的一部分，可以将其定义为：国家及地方各级食品监督管理部门针对食品安全信息公开过程中所涉及的风险因素及其认知情况，进行以社会公众为评估主体的及时反馈和完善的过程。

食品安全信息公开风险反向评估不同于简单的食品安全知识宣传和教育，它在强调信息公开的同时还注重信息的收集。这就意味着应该将食品安全信息公开的受众纳入决策过程，将从公众中收集回的信息和意见作为完善信息公开法律制度的依据。因此，尽管食品安全信息公开风险反向评估可能会采取食品安全信息宣传单、科普展、专题报告、知识竞赛等常见的食品安全教育形式，其侧重点却有所不同。例如，在食品安全知识竞赛中，食品安全教育的目标在于通过试题普及食品安全的基本知识，而风险反向评估则会通过开放型试题的设计，来搜集社会公众对某一段时间内特定食品安全信息公开情况的评价和意见。

**（二）意义**

及时且准确地传递食品安全风险信息，使社会公众在食品安全风险出现时能在科学层面上达成共识，是食品安全信息公开风险治理的第一要义。对于食品安全信息公开而言，互联网技术的发展无疑为其提供了强大的技术支持，使公众获取食品安全信息变得更加便捷和有效。然而，这也提出了对信息公开模式的变革需求。传统的单向信息公开模式侧重于宣传与告知，但往往缺乏反馈与互动。在互联网经济模式下，食品安全信息如何能有效传递给受众，并真正发挥培养公众理性、改变风险应对行为、建立利益各方信任以及缓解社会矛盾的作用，成为重要的课题。

近年来，随着电子政务的不断发展，我国各级食品安全行政主管机关也在积极利用新媒体，打造各自的“两微一端”作为权威的食品安全信息公开渠道。这一策略旨在回应社会热点的食品安全问题，在食品安全事件发生时及时辟谣并科普知识，保持与公众的日常沟通。新媒体与传统媒体互为补充，促进了行政主管机关与社会公众的直接交流，提高了公众参与食品安全风险治理的水平。但在新媒体环境下，公众的信息注意力（流量）成为稀缺资源，导致政府行政主管机关的食品安全信息公开渠道面临着无法准确对标公众需求、缺乏用户黏性等问题。因此，引入食品安全信息公开风险反向评估模式具有较强的现实意义。

首先，它能通过国家相关的制度建设来强化各风险利益方的信息互动，完善和推动《食品安全法》所要求的食品安全风险治理领域的社会公治。食品安全领域存在一个现象，即谣言的传播往往掩盖了真实的科学信息。这种信息的广泛传播不仅严重影响了政府的公信力，还扩大了社会公众的风险感知。为尽早占据舆论阵地、传递真实信息、避免公众误解、降低不必要的恐慌，必须建立一个有效的双向互动的食品安全信息公开风险治理模式，以便让公众阐述其利益诉求。公共领域开放性、理性批判性和公共利益性的多元信息互动模式，能够显著增强信息的可信度、化解危机，并正确引导舆论。

其次，通过明确风险反向评估的方式和程序等内容，可以保证食品安全信息公开的风险评估能够科学、客观、及时、透明。在面对食品安全风险信息时，公众往往处于焦虑状态，迫切想了解相关风险信息。在此情景下，如何实现有意义的公众参与，是一个备受争议的话题。由于食品安全信息公开涉及众多学科的专业知识，需要一定的科学背景，公众参与存在天然的局限性。但另一方面，科技在造福人类的同时，也存在负面性，食品安全风险评估中的专家意见可能会因为各种原因影响其理性和客观性。因此，一个具备反向评估功能的食品安全信息公开制度，能够更好地平衡公众理性和专家理性。

最后，它能突出食品安全信息公开风险反向评估模式中的各法定主体的法律责任，保障落实社会公众在食品安全领域的知情权和参与权，重塑食品安全信息公开各风险主体之间的信任关系。在法治社会建设过程中，公民的知情权、参与权、表达权、监督权是由宪法保障的。否认单一权力的食品安全信息公开风险治理架构，能准确界定风险共同体各主体的法律责任，积极发挥社会与市场的力量，使各主体间彼此信任、协同治理。如此，可以保证食品安全信息公开中社会公众的充分参与，通过平等协商并达成共识，完成各主体的利益表达、利益综合和利益协调，实现公共利益的最大化。

## 二、食品安全信息公开风险反向评估的前提和原则

### （一）前提

于食品安全信息公开中设定风险反向评估的初衷，在于帮助利益相关者、消费者和社会公众深入理解食品安全信息公开风险治理决策中的基本科学原则，由此对其所面临的食品安全风险相关事项进行思考，并形成一个理性、客观和平衡的判断。可以说，该模式目标靶向食品安全风险规制的理性和科学，通过社会共治的制度化来保证平等沟通和充分的信息披露，从而实现食品安全法所要求的风险交流的合法性。因此，食品安全信息公开风险反向评估需要遵循的前提有：第一，严格审核食品安全信息公开的风险评估和管理过程，这是风险反向评估的基础；第二，反向评估应符合目标受众的需求，而不是信息公开源的需求；第三，反向评估过程是双向互动的，应该根据反馈意见中的价值和偏好变化来动态调整指标和内容，而不是单向的宣传和灌输①。

---

① 该设定参考了2015年欧洲食品安全局“风险交流指南”中的相关描述，转引自沈岿：《食品安全、风险治理与行政法》，北京大学出版社，2018年，第102页。

### （二）原则

基于上述前提，食品安全信息公开风险反向评估应包含公开性、独立性和及时性三个基本原则。

1. 公开性原则

公开是获得公众信任的关键，是建立信任和信心的基础。食品安全信息公开过程中任何的不确定性（风险），都应该被清楚地传达，让社会公众能够全面且仔细地核实。这就要求将社会公众纳入食品安全信息公开风险治理的正式法律主体，而不仅仅是简单的合作型参与。从社会公众进入信息公开评估机制的时间点来看，应提早到风险评估决策时，且贯穿于整个风险治理过程，而非原本的风险信息公开后。同时，要注意避免与其他可靠信息源的相关信息产生冲突，并在公开程序中设定必要的多部门协调机制。

2. 独立性原则

从事风险反向评估的法律主体必须具备独立于风险治理决策者、食品从业企业、食品消费者利益之外的身份特性，这样其评估结果才更公正，也更值得信赖。以科学评估为基础，还应允许在机制中加入对科学不确定性、个人价值判断等方面的评判，以保证信息的完整性。根据各群体在食品安全风险中的利益点不同，将法律主体进行区分后再进入评估机制，根据风险认知和价值观的不同设定差异化流程。同时，评估机制不能假定公众已经知道或能自主理解风险信息，而应根据程序设定来保证公众聚焦的专业可靠性，确保利益归属、评估机构来源等影响公信力的要素得以公开。

3. 及时性原则

误导性信息没有被及时澄清，是食品安全信息公开产生负面舆情的重要原因之一。应当在社会媒体发酵前及时公布经过法定程序认证的信息，并充分提供风险信息的相关支撑材料。在食品安全风险信息的公开中，不但要使用清晰明确的专业术语，而且要使用社会公众更能理解和接受的普及性描述。当然，无论信息公开过程多完美，社会公众也不可能绝对满意。因此，要以稳定的心态积极、开放地应对公众的监督和反馈。风险反向评估的结果只有被及时传达并收集反馈，动态闭环才更具有科学性和客观性。

## 三、食品安全信息公开风险反向评估的基础内容

在制度设计上，食品安全信息公开的风险反向评估机制将风险评估与风险管理、风险交流有机结合，致力于提高风险治理水平，既防止专家决定论，也防止民意裹挟危机（见图5-1）。

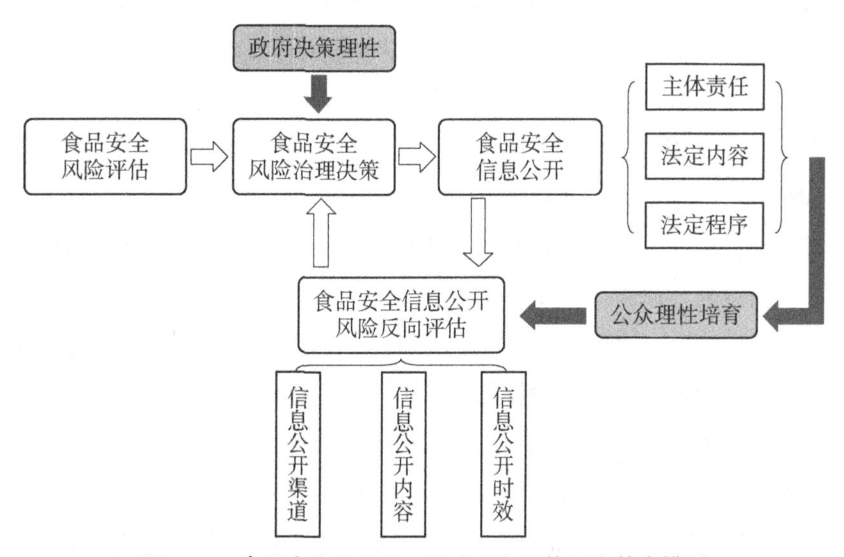


图5-1 食品安全信息公开风险反向评估制度基本模型

### （一）法律主体

#### 1. 食品安全行政主管机关

根据目前食品安全法律法规的相关规定，各级政府的食品安全监督管理机构应该是食品安全信息公开风险评估制度的法律主体，负责在食品安全风险交流的过程中落实信息公开风险反向评估的内容。政府行政主管机关在食品安全信息公开风险治理领域的职责，主要包含食品安全的风险评估信息的收集、风险决策信息的说明和风险反向评估信息的处理等。其中，尤其不能忽略对少数派意见的科学解释和透明公开，只有全面的信息公开，才有利于公众理性的养成。

同时，在《食品安全法》第23条规定的基础上，应该进一步明确各部门在信息公开风险反向评估中的作用，强化县级以上政府食品安全监管部门、食品安

全风险评估专家委员会及其技术机构、卫生行政和农业行政等其他有关部门，作为法律主体在信息公开风险反向评估中的职责。

2. 风险评估专家委员会

在食品安全信息公开风险治理模式中，风险评估专家委员会是风险反向评估的科学辅助。根据《食品安全法》的规定，我国目前的风险评估专家主要来自医学、农业、食品、营养等自然科学领域。法律规定，食品安全风险评估的结果由专家委员会负责向社会公众进行解释，但这些来自自然科学领域的专家通常并不擅长处理公众在食品安全风险信息中对人文性质需求的沟通，容易导致分歧并扩大风险。因此，作为政府风险治理的一部分，应该有来自社会学、传播学、管理学、法学等相关人文社会科学领域的专家作为有力补充。

考虑到食品安全信息公开的专业性和技巧性，应明确国家食品安全风险评估中心在信息公开风险评估工作中的独立性和科学性。针对我国目前食品安全专家面临的“公众信任”危机，一些学者认为应该吸收风险利益相关企业代表和感兴趣的社会公众加入风险评估主体①。但笔者认为，“多元构成”的专家库中独立且制衡的制度设计，可能存在一定的非合理性。一方面，社会公众在面对食品安全风险时通常缺乏理性，容易被误导，因此不适合作为合格的评估者；另一方面，风险利益相关企业带有自身立场，也不是合适的公正评估者。因此，在风险评估专家委员会的公众信任问题上，与其重构评聘制度，不如选择“放在阳光下”的信息公开。可以在 2020 年《国家食品安全风险评估专家委员会章程》的基础上，进一步完善食品安全信息公开领域的法律制度，包含专家实名制、专家遴选理由公开、专家评审过程公开、同行外部评审信息公开在内的相关法律制度，以获得公众的信任和认可。

同时，在我国国家食品安全风险评估中心，专门负责食品安全信息公开的工作人员非常有限，这在当前的食品安全信息公开的社会诉求下显然是不够的。应该借鉴国际成功经验，设立专门的信息公开风险治理机构，收集来自线上线下渠道的社会公众反馈信息，并进行包括风险等级确定、敏感因素研判、传播趋势预期等方面的信息公开风险评估，以确定合适的食品安全信息公开反向评估形式。

---

① 戚建刚：《共治型食品安全风险规制研究》，法律出版社，2017 年，第 134 - 153 页。

### （二）评估对象

梳理《国际食品法典》《改进风险交流（美国）》《食品安全风险交流工作技术指南》等文件中关于食品安全信息公开的解释，我们认为，食品安全信息公开风险反向评估的对象不仅仅应该包含科学，还应该包含对法律法规的理解和对风险的认知①。具体来说，评估应完整涉及以下食品安全信息内容：①食品安全监督管理法律法规和规章；②食品安全日常监督管理信息；③食品安全监督抽检和风险监测信息；④食品安全事故的应急调查和处理信息；⑤食品安全案件的调查处理结果分析；⑥媒体报道和曝光的食品安全问题；⑦可能误导社会公众的食品安全信息；⑧食品安全科普宣传信息；⑨食品安全风险认知公众调查分析等。

从信息公开作用机制的角度来看，食品安全信息公开法律制度的实施，应保证符合三个方面的要求：信息受众能够有效接收信息、准确理解含义、调整自身行为并作出预判性的行为反应。其中，信息的有效接收受公开途径和公开时间两个要素的制约，公开途径决定了信息搜寻的难度，而公开时间则决定了信息的“新鲜度”。信息的理解受包含内容、呈现形式和语言表达三个要素影响，尤其是在专业科学表述的严谨性和通俗易懂的普及性之间的平衡尤为重要，即尽量降低信息被误解的可能性。信息的反应和利用程度则受自身权益关联度和信息新旧程度两个要素的影响，大多数人只有在感受到风险危及自身权益时才会更关注相关信息并采取行动，要防止重要信息在隐性阶段被漠视。因此，食品安全风险反向评估模式中的“问题清单”，应该围绕这些重要影响因子来构建量化评估指标，以食品安全信息的公开途径、公开时间、具体内容和公开程度等社会公众关注的重要模块来设计评估体系（见图 5－1）。

所以，在食品安全信息涉及的具体不同领域中，风险反向评估对象的侧重点会有所不同。例如，关于食品添加剂，评估对象应重点关注技术标准的合理性、合格评定程序的透明度、预警信息的及时性、媒体报道的真实性以及公众认知的科学性等；关于网络餐饮平台的入驻商户，评估对象应重点关注平台规则的合理性、商户资质的真实性、供应链信息的共享性、详情页描述的完整性以及投诉评价的透明度等；关于乳制品等特殊食品，评估对象应重点关注食品标签

---

① 沈岿：《食品安全、风险治理与行政法》，北京大学出版社，2018 年，第 84－85 页。

法律法规的普及性、技术标准的合理性以及预警信息的及时性等；关于农产品，评估对象应重点关注农药法律法规的普及性、技术标准的合理性以及公众认知的科学性等。

**（三）案例评估**

作为风险交流的一部分，食品安全信息公开风险反向评估本身也是信息形成和传播的过程。在食品安全风险交流领域，案例研究被认为是应对风险复杂性、确定最佳交流方式的有效实践途径。它擅长界定和独立分析个别情况，使研究者能够更全面地了解信息的形成、感知、接受、反应过程，为调查现实生活环境内的复杂现象提供了一种有效的实证方法①。基于此，相比于采用穷尽式的规范方法，食品安全信息公开风险反向评估构建的基本面，更适合选择具体案例式的反馈描述。

案例评估的初始工作是选择适合的受众进行关键点分析，了解详细的受众特征，以便进行后续评估（见表5-2）。

**表5-2 受众关键点分析**

| 关键点 | 问题 | 影响 |
| --- | --- | --- |
| 基本信息 | 性别、年龄、居住环境等？ | 风险反向评估方式 |
| 风险应对经验 | 风险是新出现的，还是以前一直存在的？ | 是否需要普及知识 |
| 风险知识掌握程度 | 能多大程度地理解风险？ | 是否需要普及知识 |
| 文化阅读水平 | 能否看懂专业术语？ | 信息公开的内容和语言方式 |
| 信任的信息源 | 习惯于从何处获取信息？ | 信息公开渠道 |
| 人数规模 | 具体人数？ | 风险反向评估方式 |
| 敏感话题 | 容易因哪些话题产生激动情绪？ | 重点评估对象 |
| 风险控制能力 | 是否能主动降低或避免风险？ | 风险反向评估方式 |
| 参与热情 | 是否愿意在风险治理中扮演角色？ | 风险反向评估方式 |
| 预期目标 | 有何顾虑和感受？ | 风险反向评估方式 |

① [美]T. L. 塞尔瑙等：《食品安全风险交流方法：以信息为中心》，李强等译，化学工业出版社，2012年，第40-45页。

在完成受众关键点分析的基础上，对食品安全信息公开风险反向评估的案例分析，主要应涵盖食品安全风险、信息公开风险和公众认知风险三大块重要议题(见表5-3)。具体而言，纳入评估的“问题清单”应设置以下几方面：①食品安全危害是什么；②公众是否清楚相关风险；③由食品安全风险和社会舆论风险，综合评定的信息公开风险等级；④食品安全信息公开过程的合法性和合理性评估。尤其是在食品安全信息公开渠道和载体的选择上，根据国家市场监管总局《食品药品监管领域基层政府公开标准指引》的相关规定，目前主要集中于以下5项，即政府网站、两微一端、政务服务中心、国家企业信用信息公示系统、社区/村公示栏。各类食品安全信息公开的法定渠道是否满足社会公众的实际需求，是否需要相应的拓宽或更换，需要食品安全信息公开风险反向评估来进行调查和论证。

**表5-3 食品安全信息公开案例评估**

| 食品安全风险内容 | 信息公开风险等级 | 食品安全信息公开风险评估 | | | 风险感知相关因素 | |
|---|---|---|---|---|---|---|
| | | 渠道 | 内容 | 时效 | 公众关注度 | 公众认知程度 |
| 食品安全风险具体描述 | ● 高<br>● 中<br>● 低 | 1. 政府网站<br>2. 两微一端<br>3. 政务服务中心<br>4. 国家企业信用信息公示系统<br>5. 社区/村公示栏<br>6. 纸质媒体<br>7. 广播电视<br>8. 发布会/听证会<br>9. 精准推送<br>10. 入户/现场宣传 | ● 科学性<br>● 客观性<br>● 全面性 | 及时性 | ● 高<br>● 中<br>● 低 | 相关食品安全知识普及程度 |

### (四) 评估形式

#### 1. 加强“低风险”板块的风险反向评估

作为一个互动的过程，相较于风险管理和决策，风险反向评估中社会参与度的落实和提升尤为重要。《食品安全法》第10条、《食品安全法实施条例》第5条中对食品安全知识的宣传教育进行了强调，指出食品安全科学常识和法律知识在提升公众食品安全意识和自我保护意识方面的重要作用。公众理性培育是食品安全社会共治的重要目标之一，社会公众通过参与食品安全信息公开的风险反向评估，不但可以学习和掌握食品安全相关知识，而且能提升食品安全风险信息的识别能力和判断水平，从而实现食品安全风险评估的良性循环。根据食品安全风险等级的不同，考虑到食品安全风险治理的成本，食品安全信息公开风险反向评估的形式应选择与风险类型相匹配的平台。例如，利益相关者对话、社区咨询反馈、互联网投诉建议、常设征求意见座谈会、突发事件论证会和听证会等多种形式的平台，结合前述“问题清单”所建构的问卷调查来展开评估(见表5-4)。

表5-4　食品安全信息公开风险反向评估形式

| 等级 | 风险维度组合 | 主要评估形式 |
| --- | --- | --- |
| 1 | 低风险＋低公众关注 | 社区咨询反馈、常设征求意见座谈会 |
| 2 | 低风险＋高公众关注 | 社区咨询反馈、互联网投诉建议、媒体宣教 |
| 3 | 高风险＋低公众关注 | 利益相关者对话、突发事件论证会、听证会、媒体宣教 |
| 4 | 高风险＋高公众关注 | 利益相关者对话、互联网投诉建议、突发事件论证会、听证会、媒体宣教 |

在食品安全信息公开风险反向评估形式中，“低风险”部分往往是行政主管机关之前因感觉实际风险不高而一直忽略的部分。但其实对于食品安全公众理性来说，它是非常基础且重要的部分，是食品安全信息公开主体与社会公众之间日常信任建立的底层逻辑。食品安全风险本身具有较强的不确定性，而当前被视为“低风险”的问题很可能在日后引发更大的危机。因此，根据社会公众对食品安全风险的知识储备和认知程度，采取对应措施进行反向评估，并将获取的信息用于指导食品安全信息公开风险治理决策至关重要。这不仅仅是不断破解风险的过程，更是逐步形成公众理性的良性闭环。

### 2. 借助数字手段赋能风险反向评估

在数字化改革的大背景下，食品安全信息公开的风险反向评估也可以通过数字化平台来实现。例如，一些地区已经建成了区域性的数据共享平台，如浙江省目前推行的“浙食链”(浙江省食品安全追溯闭环管理系统)(见图5-2)和“浙冷链”(浙江省冷链食品闭环管理系统)。在这些系统中，食品生产经营者应用系统建立电子记录台账采集记录追溯食品信息，消费者可以通过扫描二维码获取食品生产企业信息、产品检验检疫证明等信息，市场监管部门则通过食品追溯系统的应用实现对企业的数字智治。

图 5-2 “浙食链”示例

然而，目前的数字化平台在食品安全信息公开风险反向评估机制中仍需进一步完善，具体如下：①目前的区域性、品种单一、各成体系的食品安全信息数字化平台，因为信息不共享、全程追踪困难等问题，难以满足社会公众对食品安全信息公开的实际需求。建立一个覆盖食品全品种和全产业链的全国统一信息平台，才能满足食品安全信息风险反向治理的要求。②利用数字化平台进行大样本的公众食品安全风险感知特征研究，建成我国公民食品安全风险感知的特征图谱，形成规律性的公众风险感知跟踪评估机制，为持续性提升食品安全信息公开领域的公众理性服务。③消费终端通过诸如“浙食链”等数字化信息平台所获取的食品安全信息，仍然只是一个“单向”信息通道，而风险反向评估机制旨在通过“双向互动”提升治理水平。如果能在其中嵌入风险反向评估模块，以获取社会公众对食品安全信息的具体需求，将有利于推动食品安全信息公开的共治共享，形成监督有力、高效协同的社会共治格局。

# 第六章
# 结　语

人类在漫漫历史长河中，一方面受益于日益高效的社会生产力发展，另一方面也不得不历经数次科学技术和物质文明发展所带来的阵痛，食品安全风险便是其中之一。食品安全直接关系到每一个人的生命和健康，天然引发社会公众的聚焦，人们都希望能避免遭遇食品安全风险。然而，从“风险”的天然属性来说，无论在哪种社会背景下，食品安全都不可能达到零风险，我们只能最大限度地提升应对措施来降低危害损失。

食品安全风险的双重属性，容易导致政府行政主管机关与社会公众两者之间对风险的理解和认知产生较大差异。行政主管机关的风险评估专家们通常将食品安全风险的存在视为一种客观物质性的前提假设，而社会公众则惯常从社会、心理和文化的社会建构性角度来认知食品安全风险。正如德国学者乌尔里希・贝克所说，科学确认了风险，公众感受了风险。[①] 所以，在社会公众的眼中，食品安全风险并不是一些客观存在的事实，而是一系列社会价值判断，且并不独立于人而存在。因此，在食品安全风险治理的过程中，信息公开的法律制度设定必须回应社会公众的诉求，在尊重科学意见的基础上，体现公众的风险感知和安全需求。

在推进食品安全领域国家治理体系和治理能力现代化的过程中，食品安全信息公开法律制度的设计显得尤为重要，信息公开被锚定为风险社会的内生属

---

① [德]乌尔里希・贝克：《风险社会：通往另一个现代的路上》，汪浩译，巨流图书公司，2004 年，第 63 页。

性和矫正要素。一旦维持食品安全信息公开的公众认知环境和法律实践反馈缺失，食品安全风险将会持续处于不稳定或不可预期的中间状态，进而可能演变为“实体风险”。食品安全信息的有效获取，是公众认知食品安全风险的基本保障，也是其判断政府监管效果的主要依据。在风险治理水平较低的情况下，食品安全的信息公开往往会出现两个极端，要么竭尽所能地隐瞒，要么肆无忌惮地夸大。因此，提升社会公众对食品安全风险的来源、潜在问题、危害程度及应对措施的理性认知，成为食品安全信息公开风险治理的核心目标。

当现代食品安全风险治理面临“决策于不确定性之中”的挑战时，食品安全信息公开法律制度的有效运作必须以提升社会公众的认知能力为基础。食品安全信息公开中风险反向评估模式的设计，不仅可以积极反馈食品安全信息方面公众理性培养的实际需求，最大限度地触发信息公开的作用机制，还能防止食品安全信息公开风险治理的低效、偏差或异化。然而，食品安全信息公开风险反向评估模式的构建，并不是短期内依靠制定若干评估指标和指导性规范文本就可以一蹴而就的，它需要持续地调整和优化。从风险反向评估模式自身的特性而言，这应该是一个体系化、持续积累和不断更新的过程，是描述性和示例性的动态循环。当然，这并不意味着难以勾勒其线条，我们可以基于国内外学者的研究积累，从制度的概念和意义、前提和原则、基础内容等方面来构建食品安全信息公开风险反向评估模式的基本维度。

理解、包容与合作，是人类面对风险时求同存异的不二法则。只有在这种“双向奔赴”的互动中，消除误解、达成共识，食品安全信息公开风险治理的困境才能得以最大限度地化解。以“问题导向”建构的食品安全信息公开法律制度实施风险反向评估模式，摒弃了法治评估以往对精确量化的追求，转而聚焦于食品安全信息公开法律制度实施中的实际问题和可以真实改进的空间。此模式将社会公众视为风险评估的共同发起者、推动者和使用者，跳出单纯公权力运作的“评估怪圈”。风险评估只有优先服务于社会公众，才能最大限度地激发参与动机、提升参与效果，避免参与形式与实质效果的脱节。在这一模式中，指标体系中的“问题清单”紧密围绕公众的个人认知和行为体验展开，提供食品安全信息公开法治需求的真实信息，激发公众的有效参与，使食品安全法治的“公众参与”得到重新诠释。此外，如何继续丰富和完善食品安全信息公开风险反向评估模式的指标和方法，还需要更多的研究和探索。

# 附录：
# 杭州市区食品安全信息发布情况调查

您好！我们正在进行一项关于杭州市食品安全信息发布情况的调查，想邀请您用5分钟时间帮忙填写这份问卷。本问卷实行匿名制，所有数据只用于统计分析，请您放心填写。非常感谢您的帮助！

1. 您一般从以下哪些途径获取食品安全信息？（多选）

A. 政府部门的官方网站、官方微信公众号等

B. 杭州日报、都市快报等媒体发布的新闻

C. 百度、新浪等媒体上的文章

D. 微博、微信等自媒体上的文章

E. 食品相关企业发布的新闻

F. 其他：________________

2. 政府发布的食品安全信息内容准确可靠。

A. 非常同意　B. 同意　C. 比较同意　D. 一般

E. 比较不同意　F. 不同意　G. 非常不同意

3. 政府发布的食品安全信息内容更新及时。

A. 非常同意　B. 同意　C. 比较同意　D. 一般

E. 比较不同意　F. 不同意　G. 非常不同意

4. 政府发布的食品安全信息内容简单易懂。

A. 非常同意　B. 同意　C. 比较同意　D. 一般

E. 比较不同意　F. 不同意　G. 非常不同意

5. 政府发布的食品安全信息内容种类丰富。

A. 非常同意 B. 同意 C. 比较同意 D. 一般
E. 比较不同意 F. 不同意 G. 非常不同意

6. 政府发布的食品安全信息专业性强。
A. 非常同意 B. 同意 C. 比较同意 D. 一般
E. 比较不同意 F. 不同意 G. 非常不同意

7. 政府发布的食品安全信息能够应对突发性事件。
A. 非常同意 B. 同意 C. 比较同意 D. 一般
E. 比较不同意 F. 不同意 G. 非常不同意

8. 加强政府发布食品安全信息所需要承担的法律责任,能让我更相信它。
A. 非常同意 B. 同意 C. 比较同意 D. 一般
E. 比较不同意 F. 不同意 G. 非常不同意

9. 丰富政府发布的食品安全信息内容,能让我更相信它。
A. 非常同意 B. 同意 C. 比较同意 D. 一般
E. 比较不同意 F. 不同意 G. 非常不同意

10. 严格控制政府发布的食品安全信息的来源,能让我更相信它。
A. 非常同意 B. 同意 C. 比较同意 D. 一般
E. 比较不同意 F. 不同意 G. 非常不同意

11. 政府论证食品安全信息的过程公开、透明,能让我更相信它。
A. 非常同意 B. 同意 C. 比较同意 D. 一般
E. 比较不同意 F. 不同意 G. 非常不同意

12. 设置统一的政府食品安全信息的发布平台,能让我更相信它。
A. 非常同意 B. 同意 C. 比较同意 D. 一般
E. 比较不同意 F. 不同意 G. 非常不同意

13. 我知道两种以上(含两种)获取食品安全信息的途径。
A. 非常同意 B. 同意 C. 比较同意 D. 一般
E. 比较不同意 F. 不同意 G. 非常不同意

14. 我知道从哪里能快速获取食品安全信息。
A. 非常同意 B. 同意 C. 比较同意 D. 一般
E. 比较不同意 F. 不同意 G. 非常不同意

15. 我能分辨食品安全信息的真伪。

A. 非常同意　B. 同意　C. 比较同意　D. 一般
E. 比较不同意　F. 不同意　G. 非常不同意

16. 在专家意见的帮助下,我可以更好地分辨食品安全信息。
A. 非常同意　B. 同意　C. 比较同意　D. 一般
E. 比较不同意　F. 不同意　G. 非常不同意

17. 我有信心获取正确的食品安全信息。
A. 非常同意　B. 同意　C. 比较同意　D. 一般
E. 比较不同意　F. 不同意　G. 非常不同意

18. 政府发布的食品安全信息能提高我的食品安全认识水平。
A. 非常同意　B. 同意　C. 比较同意　D. 一般
E. 比较不同意　F. 不同意　G. 非常不同意

19. 政府发布的食品安全信息能帮助我在购买中辨别食品的好坏。
A. 非常同意　B. 同意　C. 比较同意　D. 一般
E. 比较不同意　F. 不同意　G. 非常不同意

20. 政府发布的食品安全信息能帮助我维护自己的消费者权益。
A. 非常同意　B. 同意　C. 比较同意　D. 一般
E. 比较不同意　F. 不同意　G. 非常不同意

21. 政府发布的食品安全信息能回答我在食品购买中的疑问。
A. 非常同意　B. 同意　C. 比较同意　D. 一般
E. 比较不同意　F. 不同意　G. 非常不同意

22. 政府发布的食品安全信息能让我在购买食品中感到心安。
A. 非常同意　B. 同意　C. 比较同意　D. 一般
E. 比较不同意　F. 不同意　G. 非常不同意

23. 政府发布的食品安全信息能让我了解政府的食品监管工作。
A. 非常同意　B. 同意　C. 比较同意　D. 一般
E. 比较不同意　F. 不同意　G. 非常不同意

24. 政府发布的食品安全信息能帮助我了解食品安全现状。
A. 非常同意　B. 同意　C. 比较同意　D. 一般
E. 比较不同意　F. 不同意　G. 非常不同意

25. 政府发布的食品安全信息是值得我信赖的。

A. 非常同意　B. 同意　C. 比较同意　D. 一般

E. 比较不同意　F. 不同意　G. 非常不同意

26. 我将继续使用政府的官方网站来获取食品安全信息。

A. 非常同意　B. 同意　C. 比较同意　D. 一般

E. 比较不同意　F. 不同意　G. 非常不同意

27. 我将继续使用政府的微信公众号来获取食品安全信息。

A. 非常同意　B. 同意　C. 比较同意　D. 一般

E. 比较不同意　F. 不同意　G. 非常不同意

28. 我将继续使用杭州日报、都市快报等媒体来获取食品安全信息。

A. 非常同意　B. 同意　C. 比较同意　D. 一般

E. 比较不同意　F. 不同意　G. 非常不同意

29. 您认为杭州市的食品安全信息发布还应在哪些方面予以加强?(多选)

A. 增强信息的权威性,减少各平台信息的差异性

B. 加强食品专业知识普及

C. 完善信息提供者的法律责任

D. 重点关注食品安全突发事件

E. 公开信息论证的过程

F. 其他:____________________

其他问题:

30. 您的性别:

A. 男　B. 女

31. 您居住于杭州的________区。

32. 您的年龄段(周岁):

A. 18～29　B. 30～39　C. 40～49　D. 50～59　E. 60～79

F. 18 以下,80 以上(建议终止访问)

33. 您的职业:

A. 机关、事业单位工作人员　B. 企业人员　C. 科教文体卫专业人员　D. 自由职业者　E. 个体商贩　F. 离退休人员　G. 农民　H. 学生　I. 失业,无业人员　J. 其他

34. 您的受教育程度：

A. 初中及以下　B. 高中(中专)　C. 大专　D. 本科及以上

非常感谢您的支持，祝您生活愉快！

# 参 考 文 献


## 一、中文著作

[1] 沈岿:《食品安全、风险治理与行政法》,北京大学出版社,2018 年。

[2] 王泽鉴:《侵权行为》(第三版),北京大学出版社,2016 年。

[3] 闫海主编《食品法治:食品安全风险之治道变革》,法律出版社,2018 年。

[4] 刘小枫:《现代性社会理论绪论:现代性与现代中国》,上海三联书店,1998 年。

[5] 戚建刚:《共治型食品安全风险规制研究》,法律出版社,2017 年。

[6] 石阶平主编《食品安全风险评估》,人民出版社,2010 年。

[7] 季卫东:《秩序与混沌的临界》,法律出版社,2008 年。

[8] 《人大法律评论》编辑委员会组编《人大法律评论》(2014 年卷第 2 辑),法律出版社,2014 年。

[9] 沈岿:《平衡论:一种行政法认知模式》,北京大学出版社,1999 年。

[10] 侯杰泰、温忠麟、成子娟:《结构方程模型及其应用》,经济科学出版社,2004 年。

[11] 河南省食品药品监督管理局:《美国食品安全与监管》,中国医药科技出版社,2017 年。

[12] 孙娟娟:《食品安全比较研究:从美、欧、中的食品安全规制道全球协调》,华东理工大学出版社,2017 年。

[13] 李静:《中国食品安全"多元协同"治理模式研究》,北京大学出版社,2016 年。

[14] 闫海、郭金良、姜昕:《食品法治:食品安全风险之治理变革》,法律出版社,2018 年。

[15] 孙颖:《食品安全风险交流的法律制度研究》,中国法制出版社,2017 年。

[16] 王贵松:《日本食品安全法研究》,中国民主法制出版社,2009 年。

[17] 尹世久、高杨、吴林海:《构建中国特色食品安全社会共治体系》,人民出版社,2017 年。

## 二、中文译作

[1] [德]乌尔里希·贝克:《风险社会》,何博闻译,译林出版社,2004 年。

[2] [德]尼克拉斯·卢曼:《风险社会学》,孙一洲译,广西人民出版社,2020 年。

[3] [英]安东尼·吉登斯:《失控的世界:全球化如何重塑我们的生活》,周红云译,江西人民出版社,2001 年。

[4] [德]迪特尔·梅迪斯库:《德国民法总论》,邵建东译,法律出版社,2001 年。

[5] [德]迪特尔·格林:《宪法视野下的预防问题》,刘刚译,载《风险规制:德国的理论与实践》,法律出版社,2012年。
[6] [德]马克西米利安·福克斯:《侵权行为法》,齐晓琨译,法律出版社,2006年。
[7] [英]安东尼·奥格斯:《规制:法律形式与经济学理论》,骆梅英译,中国人民大学出版社,2008年。
[8] [法]莫里斯·奥里乌:《行政法与公法精要》(上册),龚觅等译,辽海出版社,1999年。
[9] [美]罗伯特·C. 埃里克森:《无需法律的秩序:邻人如何解决纠纷》,苏力译,中国政法大学出版社,2003年。
[10] [美]莱斯特·M. 萨拉蒙主编《政府工具:新治理指南》,肖娜等译,北京大学出版社,2016年。
[11] [英]戴维·M. 沃克:《牛津法律大辞典》,李双元等译,法律出版社,2003年。
[12] [英]安东尼·吉登斯:《现代性的后果》,田禾译,译林出版社,2000年。
[13] [英]安德鲁·埃德加:《哈贝马斯:关键概念》,杨礼根、朱松峰译,江苏人民出版社,2009年。
[14] [美]W. E. 哈拉尔:《新资本主义》,冯韵文、黄育馥译,社会科学文献出版社,1999年。
[15] [美]T. L. 塞尔瑙等:《食品安全风险交流方法:以信息为中心》,李强等译,化学工业出版社,2012年。
[16] [德]乌尔里希·贝克:《风险社会:通往另一个现代的路上》,汪浩译,巨流图书公司,2004年。

**三、中文报刊**

[1] 庄友刚:《风险社会理论研究述评》,《哲学动态》2005年第9期。
[2] 苏永钦:《私法自治中的国家强制:从功能法的角度看民事规范的类型与立法释法方向》,《中外法学》2001年第1期。
[3] 戚建刚:《风险规制过程合法性之证成:以公众和专家的风险知识运用为视角》,《法商研究》2009年第5期。
[4] 赵鹏:《知识与合法性:风险社会的行政法治原理》,《行政法学研究》2011年第4期。
[5] 尹世久:《新中国70年来食品安全风险与治理体系的演化变革》,《中国食品安全报》2019年11月7日。
[6] 赵学刚:《食品安全信息供给的政府义务及其实现路径》,《中国行政管理》2011年第7期。
[7] 戚建刚:《我国食品安全风险规制模式之转型》,《法学研究》2011年第1期。
[8] 戚建刚:《我国食品安全风险监管工具之新探:以信息监管工具为分析视角》,《法商研究》2012年第5期。
[9] 吴元元:《信息基础、声誉机制与执法优化:食品安全治理的新视野》,《中国社会科学》2012年第6期。
[10] 沈岿:《风险评估的行政法治问题:以食品安全监管领域为例》,《浙江学刊》2011年第3期。
[11] 王辉霞:《公众参与食品安全治理法治探析》,《商业研究》2012年第4期。
[12] 吴林海:《党的十八大以来中国食品安全风险治理的理论创新》,《中国社会科学报》

2019年12月24日。
[13] 马怀德、赵鹏:《食品药品问题"民生化"和"公共安全化":意涵、动因与挑战》,《中国行政管理》2016年第9期。
[14] 潘丽霞、徐信贵:《论食品安全监管中的政府信息公开》,《中国行政管理》2013年第4期。
[15] 张云:《我国食品安全信息公布困境之破解:兼评〈中华人民共和国食品安全法(修订草案)〉相关法条》,《政治与法律》2014年第8期。
[16] 汪全胜:《我国食品安全信息共享机制建设析论》,《法治研究》2016年第3期。
[17] 刘家松:《中美食品安全信息披露机制的比较研究》,《宏观经济研究》2015年第11期。
[18] 姚国艳:《论我国食品安全风险交流制度的完善:兼议〈食品安全法〉第23条》,《东方法学》2016年第3期。
[19] 丁春燕:《食品溯源信息及其监管》,《法治社会》2016年第2期。
[20] 吴林海、钟颖琦、山丽杰:《公众食品添加剂风险感知的影响因素分析》,《中国农村经济》2013年第5期。
[21] 王建华、葛佳烨、刘茁:《民众感知、政府行为及监管评价研究:基于食品安全满意度的视角》,《软科学》2016年第1期。
[22] 戴勇:《食品安全社会共治模式研究:供应链可持续治理的视角》,《社会科学》2017年第6期。
[23] 王旭:《论国家在宪法上的风险预防义务》,《法商研究》2019年第5期。
[24] 安永康:《基于风险而规制:我国食品安全政府规制的校准》,《行政法学研究》2020年第4期。
[25] 戚建刚、余海洋:《统一风险行政程序法的学理思考》,《理论探讨》2019年第5期。
[26] 张锋:《日本食品安全风险规制模式研究》,《兰州学刊》2019年第11期。
[27] 孙敏:《公众参与食品安全风险治理的制度困境与出路》,《武汉理工大学学报(社会科学版)》2019年第2期。
[28] 付翠莲:《风险治理视阈下食品安全风险评估主体责任重构》,《四川行政学院学报》2019年第5期。
[29] 于广益:《信息公开对风险治理的制度回馈与理性调和》,《淮海工学院学报(人文社会科学版)》2019年第10期。
[30] 葛洪义:《作为方法论的"地方法制"》,《中国法学》2016年第4期。
[31] 侯学宾、姚建宗:《中国法治指数设计的思想维度》,《法律科学》2013年第5期。
[32] 戢浩飞:《法治政府指标评估体系研究》,《行政法学研究》2012年第1期。
[33] [德]乌尔里希·贝克:《从工业社会到风险社会:关于人类生存、社会结构和生态启蒙等问题的思考》(下篇),王武龙译,载《马克思主义与现实》2003年第5期。
[34] [美]J. H. 梅里曼、D. S. 克拉克、L. H. 弗里德曼:《"法律与发展研究"的特性》,俗僧译,载《比较法研究》1990年第2期。
[35] 侯学宾、姚建宗:《中国法治指数设计的思想维度》,《法律科学》2013年第5期。
[36] 钱弘道、王朝霞:《论中国法治评估的转型》,《中国社会科学》2015年第5期。
[37] 占红沣、李蕾:《初论构建中国的民主、法治指数》,《法律科学(西北政法大学学报)》2010年第2期。

[38] 王浩:《论我国法治评估的多元化》,《法制与社会发展》2017 年第 5 期。
[39] 钱弘道、戈含锋、王朝霞、刘大伟:《法治评估及其中国应用》,《中国社会科学》2012 年第 4 期。
[40] 关保英:《法治体系形成指标的法理研究》,《中国法学》2015 年第 5 期。
[41] 张德淼:《法治评估的实践反思与理论建构:以中国法治评估指标体系的本土化建设为进路》,《法学评论》2016 第 1 期。
[42] 陈林林:《法治指数中的认真和戏谑》,《浙江社会科学》2013 年第 6 期。
[43] 汪全胜:《法治指数的中国引入:问题及可能进路》,《政治与法律》2015 年第 5 期。
[44] 孟涛、江照:《中国法治评估的在评估:以余杭法治指数和全国法治政府评估为样本》,《江苏行政学院学报》2017 年第 4 期。
[45] 景忠社:《用科学发展观构建食品安全保障体系》,《中国检验检疫》2006 年第 12 期。
[46] 李倩:《大数据视域下食品信息智库的构建》,《兰台研究》2017 年第 2 期。
[47] 唐晓纯、赵建睿、刘文:《消费者对网络食品安全信息的风险感知与影响研究》,《中国食品卫生杂志》2015 年第 4 期。
[48] 李永明:《论原产地名称的法律保护》,《中国法学》1994 年第 3 期。
[49] 焦志伦、陈志卷:《国内外食品安全政府监管体系比较研究》,《华南农业大学学报》(社会科学版)2010 年第 4 期。
[50] 丁佩珠:《广州市 1976—1985 年食物中毒情况分析》,《华南预防医学》1988 年第 4 期。
[51] 刘鹏:《中国食品安全监管:基于体制变迁与绩效评估的实证研究》,《公共管理学报》2010 年第 4 期。
[52] 罗豪才、宋功德:《行政法的治理逻辑》,《中国法学》2011 年第 2 期。
[53] 王锡锌:《当代行政的"民主赤字"及其克服》,《法商研究》2009 年第 1 期。
[54] 张康之:《有关信任话题的几点新思考》,《学术研究》2006 年第 1 期。
[55] 王怡、宋宗宇:《日本食品安全委员会的运行机制及其对我国的启示》,《现代日本经济》2011 年第 5 期。
[56] 苏力:《二十世纪中国的现代化和法治》,《法学研究》1998 年第 1 期。

**四、外文文献**

[1] Shapiro, S. A., Glicksman, R. L. *Risk Regulation at Risk: Restoring to a Pragmatic Approach*, Stanford University Press, 2003.
[2] FAO Food and Nutrition Paper 87, *Food Safety Risk Analysis — a Guide for National Food Safety Authorities*, World Health Organization, Food and Agriculture Organization of the United Nations, 2006.
[3] Brewer, M.S., Sprouls, G.K., Russon, C. "Consumer Attitude toward Food Safety Tissues", *Journal of Food Safety*, 14(1994).
[4] Thompson, G.D., Kidwell, J. "Explaining the Choice of Organic Produce: Cosmetic Defect, Prices and Consumer Preference", *American Journal of Agricultural Economies*, (80)1998.
[5] The World Bank, *Where is the wealth of Nations?* The World Bank Publish, 2006.
[6] Agrast, M., Botero, J.C., Ponce, A. *The World Justice Project Rule of Law Index*

2011, The World Justice Project Publish, 2011.

[7] Li, C. Y. "Persuasive Message on Information System Acceptance: A Theoretical Extension of Elaboration likelihood Model and Social Influence Theory", *Computers in Human Behavior*, 29(1) 2013, pp. 264 - 275.

[8] Ajzen, I. "The Theory of Planned Behavior", *Organizational and Human Decision Processes*, 50(2)1991, pp. 179 - 211.

[9] Kothe, E. J., Mullan, B. A., Butow, P. "Promoting Fruit and Vegetable Consumption: Testing an Intervention based on the Theory of Planned Behaviour", *Appetite*, 58(3)2012, pp. 997 - 1004.

[10] Cook, A. J., Kerr, G. N., Moore, K. "Attitudes and Intentions towards Purchasing GM Food", *Journal of Economic Psychology*, 23(5)2002, pp. 557 - 572.

[11] Ajzen, I. *Attitudes, Personality and Behavior* , Chicago: Dorsey Press, 1988.

[12] Conner, M., Sparks, P., Norman, P. *Predicting Health Behaviour: Research and Practice with Social Cogtition Models*, Buchingham: Open University Press, 1995.

[13] MacCallum, R. C., Browne, M. W., Sugawara, H. M. "Power Analysis and Determination of Sample Size for Covariance Structure Modeling", *Psychological Methods*, 1(2)1996, pp. 130 - 149.

[14] Schumacker, R. E., Lomax, R. G. *A Beginner's Guide to Structural Equation Modeling*, 2th ed., Mahwah, NJ: Lawrence Erlbaum Associates, 2004.

[15] Anderson, J. C., Gerbing, D. W. "Structural Equation Modeling in Practice: A Review and Recommended Two-step Approach", *Psychological Blletin*, 103(3) 1988, p. 411.

[16] Kline, R. B. *Principles and Practice of Structural Equation Modeling* , 3 ed., New York: Guilford, 2011.

[17] Hair, Jr. J. F., Anderson, R. E., Tatham, R, L., Black, W. C., *Multivariate Data Analysis,* 5th ed., Englewood Cliffs, NJ: Prentice Hall, 1998.

[18] Nunnally, J. C., Bernstein, I. H. *Psychometric Theory* , 3rd ed., New York: McGraw-Hill, 1994.

[19] Fornell, C., Larcker, D. F. "Evaluating Structural Equation Models with Unobservable Variables and Measurement Error", *Journal of Marketing Research*, 18 (1)1981, pp. 39 - 50.

[20] Chin, W. W. "Commentary: Issues and Opinion on Structural Equation Modeling", *Management Information Systems Quarterly*, 22(1)1998, pp. 7 - 16.

[21] Hooper, D., Coughlan, J., Mullen, M. "Structural Equation Modelling: Guidelines for Determining Model Fit", *Electronic Journal of Business Research Methods*, 6(1) 2008, pp. 53 - 60.

[22] Schumacker, R. E., Lomax, R. G. *A Beginner'S Guide to Structural Equation Modeling*, 3 ed., Taylor and Francis Group, LLC., 2010.

[23] Jackson, D. L., Gillaspy, Jr. J. A., Purc-Stephenson, R. "Reporting Practices in Confirmatory Factor Analysis: An Overview and Some Recommendations", *Psychological Methods*, 14(1)2009, pp. 6 - 23.

[24] Hu, L. T., Bentler, P. M. "Cutoff Criteria for Fit Indexes in Covariance Structure Analysis: Conventional Criteria Versus New Alternatives", *Structural Equation Modeling: A Multidisciplinary Journal*, 6(1)1999, pp. 1 - 55.

[25] Satorra, A., Bentler, P. M. *Corrections to Test Statistics and Standard Errors in Covariance Structure Analysis*, Paper presented at the Proceedings of the American Statistical Association, 1994.

[26] Satorra, A., Bentler, P. M. *Scaling Corrections for Chi-square Statistics in Covariance Structure Analysis*, Paper presented at the Proceedings of the American Statistical Association, 1988.

[27] Baron, R. M., Kenny, D. A. "The Moderator-mediator Variable Distinction in Social Psychological Research: Conceptual, Strategic, and Statistical Considerations", *Journal of Personality and Social Psychology*, 51, 1986, pp. 1173 - 1182.

[28] Fritz, M. S., MacKinnon, D. P. "Required Sample Size to Detect the Mediated Effect", *Psychological Science*, 18, 2007, pp. 233 - 239.

[29] MacKinnon, D. P., Lockwood, C. M., Hoffman, J. M., et al. "A Comparison of Methods to Test Mediation and Other Intervening Variable Effects", *Psychological Methods*, 7, 2002, pp. 83 - 104.

[30] Sobel, M. E. "Aysmptotic Confidence Intervals for Indirect Effects in Structural Equation Models", In S. Leinhardt (Ed.), *Sociological Methodology*, San Francisco: Jossey-Boss, 1982, pp. 290 - 212.

[31] Sobel, M. E. "Some New Results on Indirect Effects and Their Standard Errors in Covariance Structure Models", In N. Tuma (Ed.), *Sociological Methodology*. Washington, DC: American Sociological Association, 1986, pp. 159 - 186.

[32] Preacher, K. J., Hayes, A. F. "SPSS and SAS Procedures for Estimating Indirect Effects in Simple Mediation Models", *Behavior Research Methods, Instruments, and Computers*, 36, 2004, pp. 717 - 731.

[33] Bollen, K. A., Stine, R. "Direct and Indirect Effects: Classical and Bootstrap Estimates of Variability", *Sociological Methodology*, 20, 1990, pp. 115 - 140.

[34] Stone, C. A., Sobel, M. E. "The Robustness of Total Indirect Effects in Covariance Structure Models Estimated with Maximum Likelihood", *Psychometrika*, 55, 1990, pp. 337 - 352.

[35] MacKinnon, D. P., Lockwood, C. M., Williams, J. "Confidence Limits for the Indirect Effect: Distribution of the Product and Resampling Methods", *Multivariate BehavioralResearch*, 39, 2004, pp. 99 - 128.

[36] Williams, J., MacKinnon, D. P. "Resampling and Distribution of the Product Methods for Testing Indirect Effects in Complex Models", *Structural Equation Modeling*, 15, 2008, pp. 23 - 51.

[37] Hayes, A. F. "Beyond Baron and Kenny: Statistical Mediation Analysis in the New Millennium", *Communication Monographs*, 76(4)2009, pp. 408 - 420.

[38] Briggs, N. *Estimation of the Standard Error and Confidence Interval of the Indirect*

*Effect in Multiple Mediator Models*, The Ohio State University, Columbus, 2006.

[39] Markel, M., "Federal food standards", *Food and Drug Law Journal*, 1, 1946, p.34.

[40] Lewis, C., et al., "Nutrition Labeling of Foods: Comparisons between US Regulations and Codex Guidelines", *Food Control*, 7(6)1996, p.285.

[41] Andrews, J. "WTO Rules against Country of Origin Labeling on Meat in U. S.", *Food Safety News*, Octorber 21, 2014.

[42] Fortin, N., *Law, Science, Policy, and Practice*, John Wiley & Sons, Inc., 2009, p. 153.

[43] Pelletier, D., "FDA's Regulation of Genetically Engineered Foods: Scientific, Legal and Political Dimensions", *Food Policy*, 31(6)2006, p.574.

[44] U.S. Environmental Protection Agency, *Proposed Guidelines for Carcinogen Risk Assessment*, 61, 1996, pp.17960 - 17963.

[45] Vos, E. "EU Food Safety Regulation in the Aftermath of the BSE Crisis", *Journal of Consumer Policy*, 23, 2000, p.227.

[46] USEPA, "Proposed Guidelines for Carcinogen Risk Assessment", *Federal Register*, (79) 2002, pp.17960 - 18011.

# 索　　引